第一张设计图

在你仍未接受正式的景观设计训练之前，先给你一张白纸。请找一支笔，试着想象一样自己最想设计的东西，它可以是一个杯子、一个玩具、一张椅子、一支牙刷或是一双鞋子……，然后再想想应该用什么方式将自己的想法表达在这张空白纸上。

在此，提出几个思考方向：

What	我想要设计什么？
	我应该选择什么工具？
Who	它是由谁来使用的？
	假设我是个设计者，除了自己之外谁需要看这张图？
Where	它应该在何处被使用？
	我会选择从何处着手进行这张设计图？
When	它会在什么时候被使用？
	我需要多长时间来思考？何时可以完成？
How	它该如何使用？
	我该如何将自己所想的表达在这张纸上？

如果你已经花了些时间，认真地思考过这些问题了，接着让我来猜猜可能的结果：

第一种：你已经很迅速地完成了。
第二种：你认为必须再多些时间收集资料才能完成。
第三种：你的脑海里有许多想法，却不知如何下笔。
第四种：你觉得这项工作太困难了，不是自己所能胜任的。

如果是前三种答案，都是值得鼓励的。无论你是否满意自己的第一张设计图，我们都知道，要进入一个专业的领域，一定需要时间的磨练。但若是第四种答案，你可能少了一份"心"，这条路并不适合你走下去。

景观设计制图与绘图

陈怡如 编著

大连理工大学出版社

徒手画作为身体经验的空间思考和想象：

信息社会数字化工具下的文艺复兴

陈朝兴

联合国教科文组织国际艺评协会副主席

艺评人协会理事长

大叶大学副教授

有人推测：人类物质文明的起源是人类用双手捧水形成碗状，并且在以水和泥的身体经验中知道，干燥的塑块可以形成永久性的盛水空间，因而逐渐创造和发明了器皿。换句话说，人类对空间或形体的经验及对空间的结构化思维是通过身体和经验的累积作为最终空间形式具体化的依靠；因此，在空间的想象、拟化、创造的过程中，身体经验是一种无可替代的工具；我们知道，进行园林规划之初通常会在基地上先设置临时的作坊并住上一年，以体验基地在四季的变化和晨昏夜晚的星月日辰，其目的在于深化空间和身体经验的对话关系，因为空间不是简化的模具，空间是一种细致身体经验品质的再表达。

正因为如此，早期当我在美国执业作景观或建筑的规划时，常常被资深的前辈指导用普通铅笔及彩色铅笔去"体验"我所设计的空间形式。他们的逻辑是：图像的表达不只是一种几何性关系的说明，图像是一种思考的过程，并且它能够将空间的光影、氛围、质感和身体的经验联系起来。换言之，徒手画是一种空间思考和想象的工具，它不只是一种空间模拟的说明而已。

Rudolf Arnheim曾在他的著作《艺术及其视觉认知》(Art and Visual Perception)一书中强调：视觉绝非事物的机械式记录。事实上，"观察"乃是观察者(Viewer)对现实的形状、表情和意义的主观化结果；因此，即便是强调"图像作为一种空间形式的传达"，其所赖以沟通的工具也不仅是"几何性的特质"而已。我曾师事李石樵老师多年，他在画室中常使用一些精辟的例子来描述艺术创作的理论，至今仍历历如新。他说：即便是在黄昏的时候，远远你便可以辨识得出来哪一位妇人是你的母亲，原因是你对图像的认知并不是靠着眼、鼻等形状的细部描写而察觉，而是通过阅读母亲的特质而知觉；换言之，知觉的经验并非是通过机械式的记录或乏味的抄写而获得的，而是通过样式所呈现的特有表情及张力得到的；Gustaf Britsh及Henry Schaefer-Simmern所建构的艺术知觉理论认为：人类的心智在使外在景象或图像秩序化的过程中，是从样式的整体性表情中同时而复杂地整合整体而真实的概念的。总而言之，图像的真实是通过客体知觉经验而被感知或认知的，因此空间形式图像的传达是通过复杂的身体经验所溢发出的笔触、张力、样式表情，甚至意义的整体经验而完成的。这也就是为什么徒手画的传译比电脑模拟甚至摄影图像更完整且具有说服力的原因。

在我的教学经验中，早期的学生喜欢用方格纸做设计，后来则大量使用数字化的工具。事实上，在很多建筑或景观建筑的学院中，学生常常被告诫切勿过度使用方格纸，因为这样的工具常常限制了设计者对空间的想象、思考和创造力；同样，过度依赖数字化的工具也常常会受制于工具性系统的框架，其结果也就愈来愈脱离具体空间和真实身体经验的对话了。

在绘制古典建筑的样式时，波士顿知名的景观或建筑师事务所至今仍然坚持设计过程的沟通图样必须是铅笔手绘，即便是透视图，也是以电脑图绘作工具打底，完成图也尽可能用手完稿后再用彩色铅笔作最后润饰；在台大城乡所前身的土研所中，无论配置图、立面图、平面图皆尽可能用手绘，即使用平行尺也必须扭动铅笔或针笔，以强化触感和复杂的环境表情（比如光线在线条上的断线和亮点、背景所影响的量体分离、意象或意义及心理空间的轻重等）。

我在威斯康星大学密尔瓦基分校教授初等实质设计课程时，曾要求学生搜集环境的元素及环境行为的模式语言，除了拍照记录外，还必须以手绘重描这些元素及空间行为的模式，借以深化学生对环境的观察并梳理环境元素及使用行为的形式特质、表情、甚至引发的意象或意义。事实证明：通过这种学习过程的学生，其设计空间的能力远高于使用数字化或模具化工具的学生。换句话说，徒手画的学习方法可以有效地强化学生对空间形式的综合及处理能力（Synthesis of Form）。

很多人以为图像只是一种记录、抄写或对形状的几何性描述。事实上，图像是一种非常细致的语言。它有表情、心情、触感，甚至可以有味觉、嗅觉（比如王国维的马蹄花香和蝴蝶），可以有诗，有主张。空间的专业设计者愈来愈舍弃以徒手画去触摸或思考身体在空间中的经验，因此，空间的形式愈来愈中性化、模具化、系统化、数字化，人的身体记忆和空间的对话也就愈来愈疏离了。总而言之，徒手画可以有效地帮助设计者整合其对空间的想象，同时也可使设计师所规划的空间有品质更细致的再呈现（Representation）。因此，它是空间思考和想象的工具，也是设计师和观察者更深刻地分享空间内涵的媒介。

陈怡如老师和我有多年共事经验，她的空间设计是在手绘的徒手画中进行的。在图像的创建过程中，空间的内容被逐步扩充、调适而丰富。这一次她把自己通过徒手画的空间思考和想象的过程，试图用比较真实的身体经验来传达创造空间的过程，同时她也把在很多大学里通过对学生的观察所积累的教学经验作为编写这本工具书兼论述著作的结构，因此读者阅读及参考的过程非常顺畅而方便。本书可以作为环境规划设计专业者重要的手册及学生学习的范本，它应该被深刻地阅读，并且被有效而有创意地使用。她的这本著作，我把它视为是在当今信息社会数字化工具支配的设计专业领域下的文艺复兴。期望它的出版，将有利于更多能够和身体经验产生对话的空间的产生。

景观设计 制图与绘图 目录

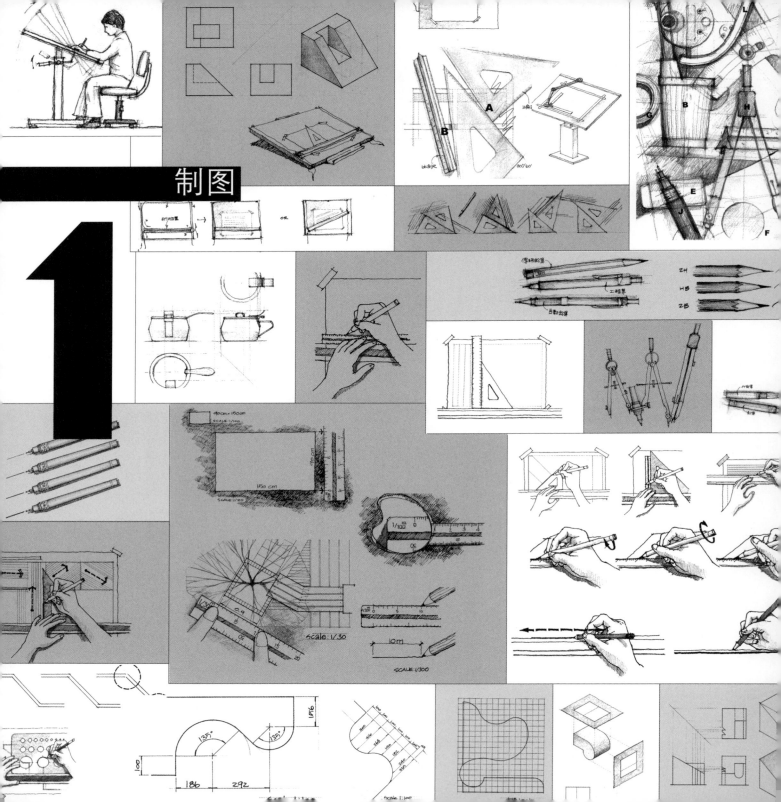

制图

1.1 关于景观制图

景观制图有一定的方法与程序；在本章节中，除了介绍制图时所需要的工具及如何操作之外，还包括工具线的制图、工程字的写法、比例概念、尺寸标注及正投影图法等课题，这些都是进入景观设计领域所必要的基本训练。

■ 制图工具

在制图过程当中所需要用到的每项工具都有它的特性及操作方式，因此我们先针对这些制图工具的功能及操作方式加以介绍：

制图桌 制图桌包含桌板及桌架两部分，桌板架设于桌架上，可依使用者的身高及使用习惯而调整桌面的高度及桌板的倾斜度（图1）。桌板可分为磁性桌板及不具磁性桌板两种，磁性桌板会附带铁片压条，功能是用来固定纸张。因此磁性桌板在使用上较为便利，但磁板桌面容易吸住铅笔灰，从而使板面不易保持清洁。不具磁性的桌板则需要以"不伤纸胶带"固定纸张（图2）。

平行尺 平行尺是架设于制图板上的长尺，较为普遍的是铝制尺或镶有压克力边并有尺寸刻度的平行尺，其配件有固定螺栓及钢绳（或尼龙绳）组。在尺的两端各有两个小滑轮，将钢绳以倒"8"字形架设于小滑轮上，调整至适当的松紧度，以螺栓固定在制图板上，即可上下移动平行尺，绘制平行线条。虽然平行尺在制图时大多调成水平状态（用来绘制水平平行线），但是制图者也可依其需要调整尺的斜度，以绘制其他角度的平行线（图3）。

丁字尺 "T"字造型长尺，又称为T字尺，使用方式是将尺头部分紧密压靠在左侧制图板上，以上

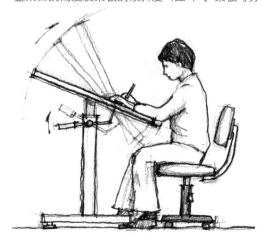

图1 制图桌包含桌板及桌架两部分，可依使用者的身高及使用习惯而调整桌面的高度及桌板的倾斜度。

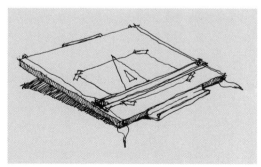

图2 不具磁性的桌板需要以"不伤纸胶带"固定纸张。

下移动的方式画水平平行线（图4）。使用丁字尺时纸张不宜固定在太靠近尺尾端的部分，这样会使得制图的精密度降低。

三角板 一组三角板包括45°／45°及30°／60°两片不同角度的三角板，临直角部分一面有刻度（图6）。三角板的边缘设计为单面凹槽（单凹）、双面凹槽（双凹）及无凹槽三种。无凹槽面适用于铅笔制图，凹槽部分是为了避免上墨线时尺面紧贴纸张导致墨水晕开而设计的（图5）。三角板可画的角度除了30°、45°、60°、90°外，还可改变两支三角板的架设方式，画出其他不同角度的线条（图8）。

比例尺 制图时用来在缩放比例及测量图面尺寸时使用（图6）。

制图仪 相较于丁字尺与平行尺，制图仪属于更精密的仪器，它可同时具备平行尺（或丁字尺）、三角板及勾配定规的功能，但价格也相对较高。（图7）

制图铅笔及笔芯 制图用的铅笔包括三种：传统铅笔、工程笔与自动铅笔（图9）。传统铅笔及工程笔在一般铅笔制图时都适用，而硬质细笔芯的自动铅笔可用于辅助线的绘制。

铅笔的笔芯包括硬质、中等及软质笔芯，字母"H"代表硬质笔芯，数字越大则质地越硬，如6H较2H硬度高，而字母"B"则代表软质笔芯，数字越大则质地越软，画出的线条也越黑（图10）。

工程笔在使用前需将所欲制图的笔芯置入笔杆中，再以磨芯器将笔芯磨尖。

自动铅笔在使用前也需先装入笔芯，但是自动铅笔的笔芯较传统铅笔及工程笔的笔芯细，常见的有0.3、0.5、0.7、0.9mm直径规格的笔芯，由于笔芯为固定粗细的圆柱体状，不像传统铅笔及工程笔可将笔芯磨成圆锥体状，因此只适用于画辅助线及写工程字。

勾配定规 功能与三角板相同，但在制图时可调整为任何所要画的角度（图13）。

磨芯器 用来磨尖工程笔笔芯的工具。

马毛刷 用来清洁桌面及纸面上的橡皮屑、笔灰或灰尘的工具。

消线板 消线板是一不锈钢薄片，应与橡皮擦配合使用，能够较整齐地擦掉欲修正部分的线条。

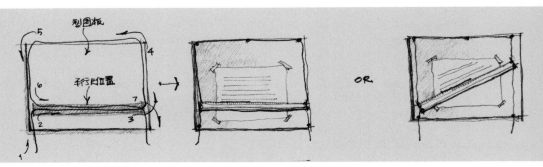

图3 平行尺的两端各有两个小滑轮，将钢绳以倒"8"字形架于小滑轮上，调整至适当的松紧度，以螺栓固定在制图板上，即可上下移动平行尺。平行尺也可依需要调整尺的斜度以绘制其他角度的平行线。

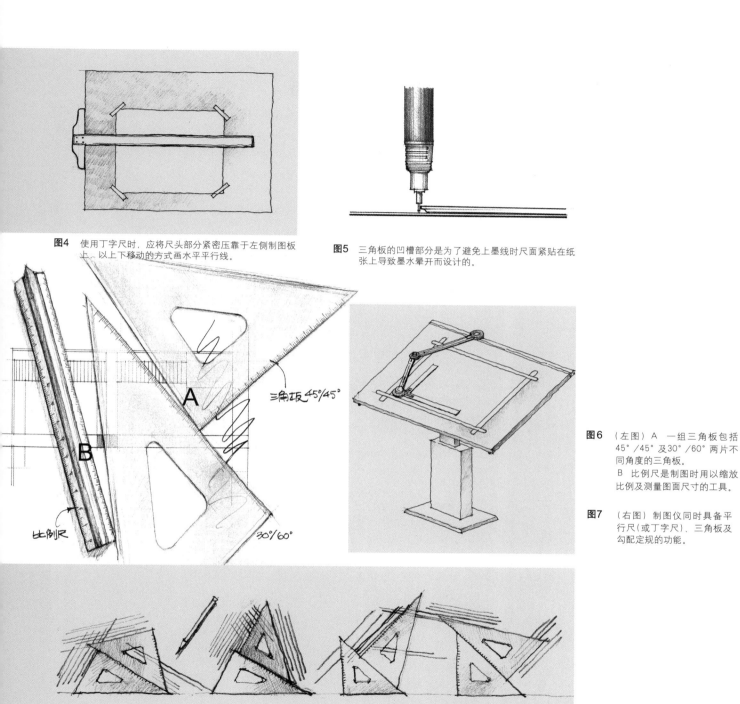

图4　使用丁字尺时，应将尺头部分紧密压靠于左侧制图板上，以上下移动的方式画水平平行线。

图5　三角板的凹槽部分是为了避免上墨线时尺面紧贴在纸张上导致墨水晕开而设计的。

三角板45°/45°

A

B

比例尺

30°/60°

图6　（左图）A　一组三角板包括45°/45°及30°/60°两片不同角度的三角板。
　　B　比例尺是制图时用以缩放比例及测量图面尺寸的工具。

图7　（右图）制图仪同时具备平行尺（或丁字尺）、三角板及勾配定规的功能。

图8　三角板可画的角度除了30°、45°、60°、90°外还可改变两支三角板的架设方式画出其他不同角度的线条。

橡皮擦　分为铅笔橡皮擦及针笔橡皮擦，分别用来擦掉要修正的铅笔或针笔线条。但是针笔线条并不容易擦掉，只有在某些较光滑的纸（如描图纸）上才有机会以针笔橡皮擦擦拭干净。除了传统式的橡皮擦外，还有电动橡皮擦，是以装设长条形橡皮芯的方式插电或装电池来使用，同样可选择装以铅笔线或墨线专用的橡皮芯。

圈圈板及各种定规　各种定规包含有大小圆圈的圈圈板、方格板、椭圆板、家具板或其他一些在制图时较常用的图形板，目的是使绘图者可较容易地借这些定规上的形状将图形画出。字规上有各种字形及大小英文字母、数字及符号，可用来描绘出工整的字体。

不伤纸胶带　可用来将纸张固定在不具有磁性的制图板上。

曲线尺或云形板　可用来绘制曲线。曲线尺可依所需的任意弯曲调整出所要画的曲线形状，而云形板则需要在尺的不同曲线上找出最接近所要画的曲线。

圆规　有不同规格的圆规，分别用于画不同大小的圆（图11）。通常大圆规还会有一些附件，包括用来架上针笔或其他用笔的接头、针脚垫及延长杆，用来画更大的圆。使用圆规制图前，应先将圆规笔芯拆下，依制图需要装上适当软硬度的工程笔笔芯，用磨芯器将笔芯磨尖后再装回。也有

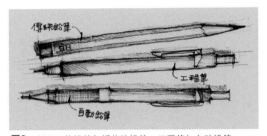

图9　制图用的铅笔包括传统铅笔、工程笔与自动铅笔。

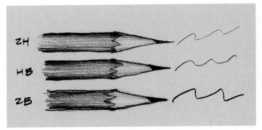

图10　铅笔的笔芯有硬质、中等及软质笔芯，字母"H"代表硬质笔芯，数字越大则质地越硬，字母"B"代表软质笔芯，数字越大则质地越软。

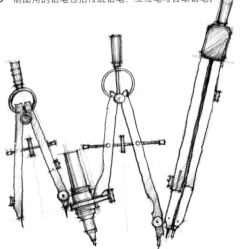

图11　大小不同规格的圆规，分别适用于画各种圆弧。

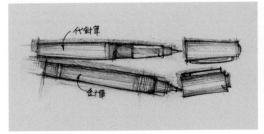

图12　针笔及代针笔是制图时用来上墨线的工具，有几种不同的粗细规格。

部分圆规将笔头部分设计成自动铅笔的笔头。使用圆规时，针脚部分应尽量垂直于纸面，以顺时针方向画圆，并将笔头部分略向行进方向倾斜。

针笔及代针笔　针笔及代针笔是制图时用来上墨线的工具，有几种不同的粗细规格（图**12**）。

制图用纸及规格　制图时选用纸张应配合用笔来选择，一般模造纸类较适合铅笔制图，在墨线制图时选用的纸质纤维则不宜太粗。设计制图所使用的图纸规格以A系统为标准规格，不同于印刷用纸以开数为其规格。A系统的最大规格为A0，其面积为1m²，而长宽比为$1:\sqrt{2}$。小于A0的纸张为A1、A2、A3、A4等，其面积大小以倍数关系递减；如A1为A0纸张面积的1/2，而A2为A1面积的1/2，以此类推。

■ 制图的准备工作

在开始制图前，先确认制图板的角度及桌面、座椅的高度是否都已调整妥当，将桌面及平行尺、三角板擦干净，再将纸张放置在桌面高低左右都适中的位置，纸张的下缘（或上缘）应与平行尺呈平行状态，以不伤纸面的胶带或铁片压条（若为磁板桌面）固定，而后开始制图。

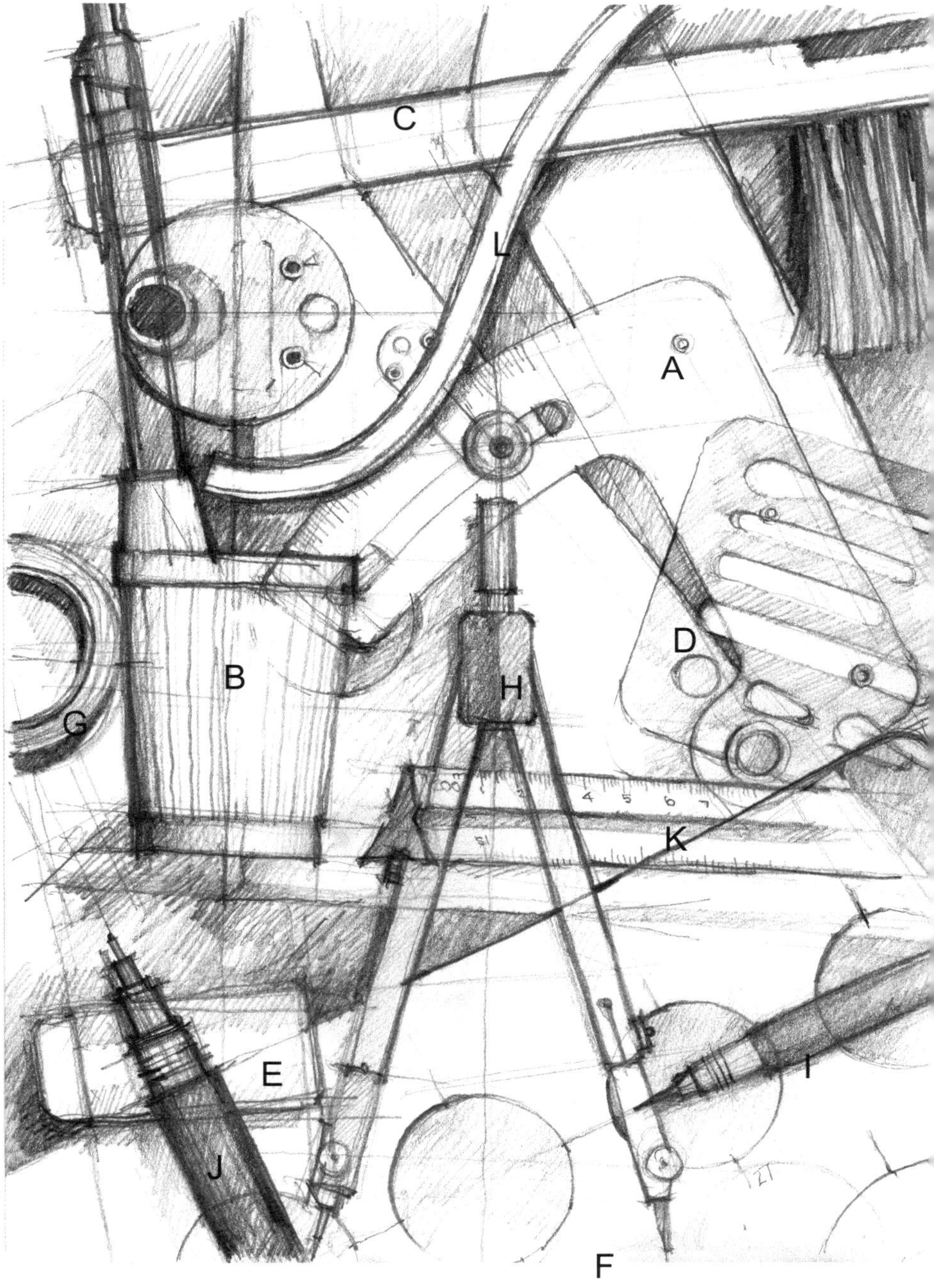

图13　A 勾配定规
　　　　B 磨蕊器
　　　　C 马毛刷
　　　　D 消线板
　　　　E 橡皮擦
　　　　F 圈圈板
　　　　G 不伤纸胶带
　　　　H 圆规
　　　　I 工程笔
　　　　J 针笔
　　　　K 比例尺
　　　　L 曲线尺

1.2 铅笔制图

在制图训练的过程中，用铅笔画出专业的工具线是一项困难的课题。理想的铅笔线条应是粗细、轻重一致，且十分扎实的线条。就制图的观点来说，我们这里所用的铅笔，指的是一般传统铅笔或是工程笔，用自动铅笔来绘制工具线是不理想的。而工具线是指以尺、圆规、曲线板等各种制图工具画出来的线条。

■ 辅助线

就制图而言，辅助线是十分重要的。简单地说，它是指用来打底稿的线条。不只是制图，写工程字时也需要打辅助线。因此所有的制图，第一件事就是在纸上先画辅助线，并且必须在辅助线完成到一定的程度后才可开始加重线。

辅助线必须画得非常轻，最好以2H的笔芯磨尖来画，比较理想的图面应尽量保留辅助线。辅助线除了有构图与打底稿的功用外，也常被用来说明图与图间的对应关系（图14）。

在描图纸上的制图，可以用蓝色硬质彩色铅笔画打底稿的辅助线，这样晒图时不易被印出；而图中用来说明各种对应关系的辅助线，可以红色硬质彩色铅笔来画，以方便与主线条区分（图15）。

辅助线该如何画？首先，将硬质笔芯磨尖，然后再将尺寸量好。制图时，我们习惯用比例尺来量尺寸，将比例尺放置在平行尺上，在纸上用笔尖点出水平距离，这样才能精准地量出正确的尺寸

（图16）。量好后，用架在平行尺上的三角板由下往上，轻轻地画出垂直辅助线，这时不需担心这条线的长度，因为所画出的辅助线需比完稿后的重线还要长，当三角板所能画的垂直长度不够时，可准备一支长尺，将长尺架在三角板旁再画垂直线（图17）。这是为了避免线条分段衔接，影响图面品质。若受限于尺的长度一条线必须分段画时，应衔接在两线交接处（图18）。

这里需注意的是：画工具线时，需用左手将三角板（或三角板及长尺）压在平行尺上方再画线（图19）。同理，若要在图纸上点出垂直距离，为了精确，也应将比例尺紧密贴架在平行尺上的三角板左侧，再以笔尖点出这个距离（图20）。以此类推，各种角度的线条都可以运用比例尺架在三角板或勾配定规上找出所要的刻度，再画出各种角度的平行线。既然我们可利用工具画平行线，因此只需量线条一侧的刻度即可，并且最好能依画线的方向（水平线——由左而右，垂直线——由下而上），将刻度点在线条起始点的一侧，即左侧或下方（图21）。

当图面较复杂时，必须运用不同轻重的辅助线来一步步地完成图面。在图上除了会有用来打底稿的辅助线外，通常，线条还会有几种不同等级的轻重线，这些线条无论是轻线或重线，线条的品质都应均匀密实、轻重一致，初学者应在这方面勤加练习。

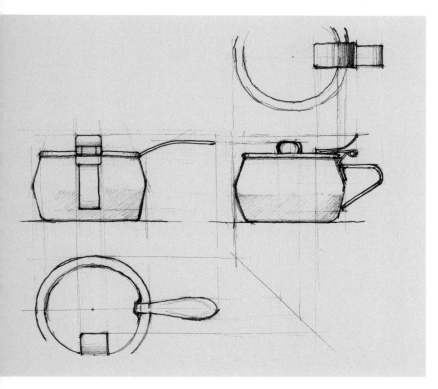

图14 辅助线除了有构图与打底稿的功用外，也常被用来说明图与图间的对应关系。

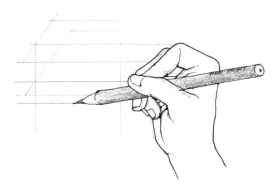

图15 在描图纸上的制图，可以用蓝色硬质彩色铅笔画打底稿的辅助线，这样晒图时不易被印出。

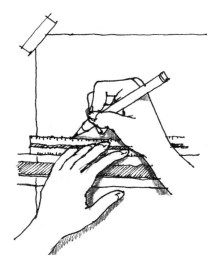

图16 将比例尺放置在平行尺上，再点出水平距离，这样才能精准地量出正确的尺寸。

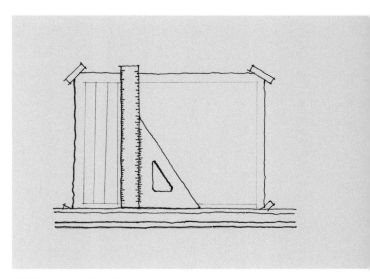

图17 当三角板所能画的垂直长度不够时，可准备一支长尺，将长尺架在三角板旁再画垂直线。

■ 直线

画直线时，无论是任何角度的线条，都应在画线条的同时以大拇指由内向外慢慢推出，将笔旋转一圈，这种方式叫做"旋笔"（图**22**），目的是为了使线条能够密实且粗细均匀。旋笔的运作，无论线条的长短都只能将笔旋转一圈，因此旋笔的速度会依线条的长短而有所不同；画短线时，旋笔速度较快，而画长线时应以较慢的速度旋笔，在长线未画完之前，若已将笔旋转一圈，则应继续保持最后握笔姿势，将线条完成。千万不可再将笔依反方向旋转回来。

制图时铅笔与尺必须是平行的，铅笔不宜握得太垂直，必须与纸张依所画线条的方向形成一个适当的角度（图**23**）。制图时所画的线条必须依照一定的方向来画，水平线以平行尺绘制，由左而右画；垂直线以三角板或勾配定规绘制，由下而上画（以右手握笔者而言）。此外，也可以利用一副三角板的组合（30°／60°及45°／45°），由左而右画出不同角度的直线（图**24**）。

当两条不同角度的线条相互衔接时，线与线须密合衔接，些许的交错是可以允许的；但若未接合，则是十分不理想的（图**25**）。就整张图面的制图顺序而言，最好能先画左边及上方的线条，再依序向右边及下方画线，这样能较好地保持图面的清洁。

■ 圆弧及曲线

画圆弧及各种曲线时，须借圆规、圈圈板、曲线尺、云形板等工具来绘制。圈圈板适用于较小的圆弧。使用时先在圈圈板上找到正确尺寸的圆，将圈圈板架在平行尺上，以确保水平垂直刻度的精确性，再将所要画的圆弧对准圈圈板圆周上的水平垂直刻度再画圆弧（图**26**）。

画曲线时，则是将曲线尺弯折出最接近曲线的曲度，或是在云形板上找出最接近的曲线部分，分段衔接，每一段中都应至少有前中后三个点吻合再画此曲线。

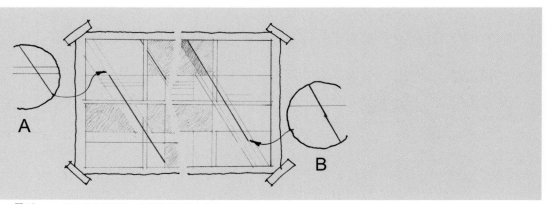

图18 一条线必须分段画时，应衔接在两线交接处；
A为正确的衔接方式，B为不理想的衔接方式。

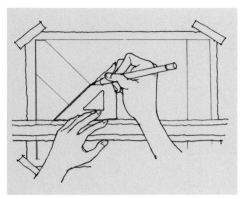

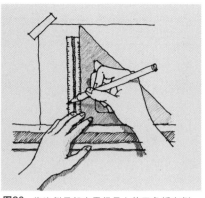

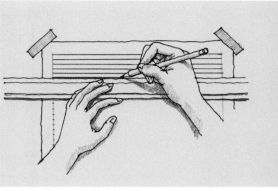

图19 画工具线时，需用左手将三角板压在平行尺上方再画线。

图20 将比例尺架在平行尺上的三角板左侧，再点出垂直距离，这样才能精准地量出正确的尺寸。

图21 画平行线时，先依画线的方向将刻度点在线条起始点的一侧，即左侧或下方，再开始画线。

图22 使用铅笔做工具画直线时，应同时以大拇指由内向外慢慢推出，将笔旋转一圈。

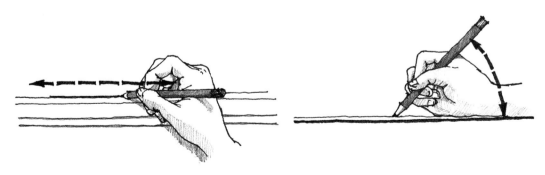

图23 制图时铅笔与尺必须是平行的，不宜将笔握得太垂直，应与依纸张所画线条的方向形成一个适当的角度。

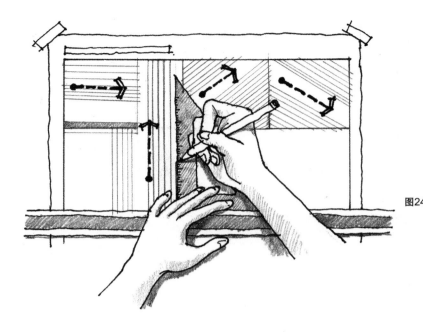

图24 制图时所画的线条必须按照一定的方向来画，水平线以平行尺绘制，由左而右画；垂直线以三角板或勾配定规绘制，由下而上画（以右手握笔者而言）。此外，也可以利用一副三角板的组合（30°／60°及45°／45°），由左而右画出不同角度的直线。

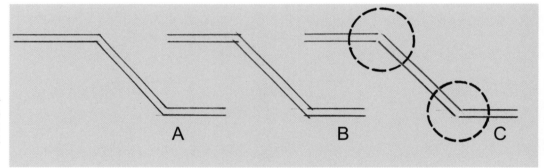

图25 当两条不同角度的线条相互衔接时，线与线须确实密合衔接（A），些许的交错是可以允许的（B），未接合的线条是十分不理想的(C)。

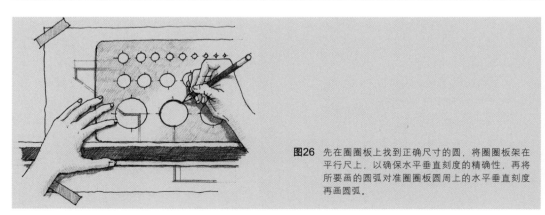

图26 先在圈圈板上找到正确尺寸的圆，将圈圈板架在平行尺上，以确保水平垂直刻度的精确性，再将所要画的圆弧对准圈圈板圆周上的水平垂直刻度再画圆弧。

1.3 墨线制图

制图时用来上墨线的工具包括针笔、代针笔、钢笔及鸭嘴笔等，其中以针笔所画的墨线最黑，线条粗细的精准度也较好。

针笔的规格由0.1至1.2共十余种，一般在选购时，可考虑跳号数购买，如0.1、0.3、0.5、0.8及1.0。针笔所使用的墨水必须为各厂商所生产的针笔专用墨水，主要为黑色，部分厂商也生产几种彩色墨水。使用前先将墨水加入墨水管内，或装上卡式墨水管，加墨水时切勿加得太满（如超过九分满）或太少（如不及一半），较理想的状态为加到七至八分满，才不会因管内压力因素导致漏水现象。加完墨水后，将针笔拿成水平状左右摇晃（图27），不需太用力，只要在摇动时听到咚咚声响，即可继续晃至墨水出来，开始使用。

针笔若长时间不使用，应将笔管内的墨水清洗干净晾干后收起来，否则针笔很容易因墨水干掉而毁损。若不慎墨水干掉想再使用时，可试着将笔头先浸泡在热水中，而后再左右摇晃使其通畅，若重复试过几次后仍不能使用，最好送回原购买公司保养。

代针笔的规格较常见为0.1、0.2、0.3、0.5、0.8、1.0几种，墨水使用完即可丢弃。

钢笔的粗细一般以英文字母EF、F、M、B和BB分别代表极细、细、中、粗和特粗的规格，其墨水补充方式依笔的设计款式不同，有卡式墨水及可补充式墨水。

使用鸭嘴笔时，线条的粗细以笔上的螺栓来调整，并可自行以广告颜料、水彩等调配色彩。

墨线制图前如同铅笔制图一样，必须以磨尖的2H铅笔或是红、蓝色铅笔先打辅助线底稿后，才可开始上墨线。

■ 墨线制图需要注意的事项

下列为上墨线时必须注意的几点事项：

1.确定三角板、平行尺及其他用尺是以有凹槽面制图的。若所使用的尺没有凹槽，可自行在尺的下方（至少两个点）贴着胶带或其他薄物，使尺不会直接密贴在纸面上，但厚度勿超过1mm。

2.使用针笔上墨线时针笔应与纸张垂直，并尽量使用较光滑的纸张；若使用较细的针笔，运笔力道太重容易刮破纸张，而使用较粗的针笔时，运笔速度若太快则很容易断水。

3.针笔及钢笔类都应避免碰撞，尤其应注意保护笔头部分，不使用时应立刻将笔盖套上。

4.上墨线时，墨线的中心应与铅笔辅助线重合。若线条有重叠的地方也须将线的中心重合，图上若同时有直线及圆弧时，应先画圆弧再画直线，这样能够较好地掌握衔接处的密合度。

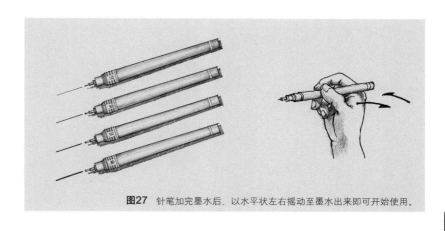

图27 针笔加完墨水后，以水平状左右摇动至墨水出来即可开始使用。

ABCDEFGHIJKLMNOPQRSTUVWXYZ

abcdefghijklmnopqrsvuvwxyz

0123456789

ABCDEFGHIJKLMNOPQRSTUVWXYZ
abcdefghijklmnopqrstuvwxyz
0123456789

ABCDEFGHIJKLMNOPQRSTUVWXYZ

abcdefghijklmnopqrstuvwxyz

0123456789

印刷用的中文字體

ABCDEFGHIJKLMNOPQRSTUVWXYZ

印刷用的中文字體

abcdefghijklmnopqrstuvwxyz

0123456789

印刷用的中文字體

印刷用的中文字體

18

1.4 工程字

制图时，除了能正确使用工具绘出专业的图面外，图上还需要一些文字说明以达到图面的完整性。这些图面上的文字和画线条一样，确定字体大小以及字间的距离后应先画辅助框线，并以清楚工整的骨架书写，这些称为〝工程字〞。通常工程字包括了中文、英文、阿拉伯数字及一些相关的符号。印刷用的许多中、英文及阿拉伯数字的字形，都可以用来练习临摹工程字的字体架构（图**28**）。

以铅笔写工程字时，应以中等软硬质（如HB、B）的笔芯磨尖后书写。一般设计工程图上的文字说明会由左而右横式书写，字体大小应配合图面及纸张的大小。每一笔画都应均匀密实，因此当工程笔芯变钝时，应磨尖后再继续写。字体的骨架十分重要，初学者应勤加临摹才会进步。

图28 许多印刷用的字体，都可以用来练习工程字的字体架构。

■ 中文工程字

开始练习前应先以辅助线打好格子，并在每个格子的上下左右各预留间距。而当工程字较小时，则可考虑辅助线只留上下（天地）的间距，也就是每行字的左右字间是相邻密接的（图29）。打工程字的辅助格子时，应依所要写的字体长和宽的尺寸来画辅助线，因此格子可统一为正方形或是长方形，用来表现出不同长宽比例的字体。

练习时，尽量将每个字填满在格子内，但是有一些字体的骨架同时也需要做些视觉上的修正。如何修正呢？当每个字填满在格子内时，有些字会显得特别大，有些字又会明显变小。这些特征在字体放大时会更为明显。例如图30中，上排的字虽都已填满格子，但"今"和"会"显得太小，"日"则显得太大。"上"字有向下掉的感觉，"下"字又有上升的样子。因此，我们得为这些字做些视觉上的调整及修正；范例中，下排为修正后的字体。

■ 英文及数字工程字

英文工程字主要是印刷体的大小写字母、英文及数字中有圆弧形笔画，因此我们平时习惯用的笔画顺序用在圆弧字体的工程字书写时，较不适用。当写到圆弧形的笔画时，可参考图31中的笔画顺序来写，较能够控制这些线条的工整性。而小写英文字母的辅助线在高度距离的分配上，也会影响到字形。英文及数字工程字打辅助线的方式与中文工程字较不同的地方在于每个英文字母及数字的宽度差异较大，因此水平辅助线是必要的，而垂直辅助线应以字母或数字宽度距离来调整。一般图说上较小的英文及数字工程字只需水平辅助线，并且可依字体大小的需要，每行画二到四条水平辅助线（图31）。

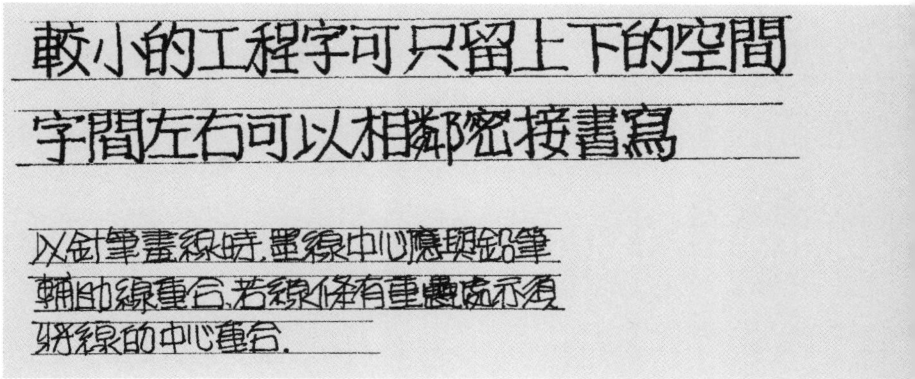

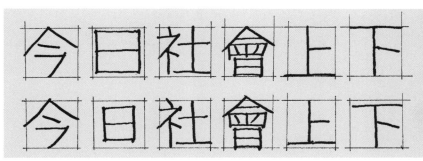

图29 当工程字较小时，辅助线可以只留上下间距，也就是每行字的左右字间是相邻密接的。

图30 上排的字虽已填满格子，但"今"和"会"显得太小，"日"则显得太大。"上"字有向下掉的感觉，"下"字又有上升的样子。因此，我们得为这些字做些视觉上的调整，下排为修正后的字体。

0 2 5 6 8

0123456789012

0123456789012345 67

0123456789 0123

01234567890123456789 01

01234567890123456789 012345

ABCDEFGHIJKLMNOPQ
RSTUVWXYZ

ABCDEFGHIJKLMNOPQRSTUVWXYZ

ABCDEFGHIJKL

abcdefghijklmnopqrstuvwxyz

abcdefghijklmnopqrstuvwxyz

abcdefghijklmnopqrstuvwxyz

图31 当写到圆弧形的数字或英文字
母时，为控制线条的工整性，
笔划顺序可有所改变。图说上
较小的英文及数字工程字只需
二至四条水平辅助线。

1.5 比例概念

任何一种设计专业的制图都需要运用到比例概念。这里所谈的比例（Scale）是指将体量或空间的大小以等比例放大或缩小的方式，绘制成图面或模型。在景观建筑领域中，规划设计者所面临的基地范围可能为数千公顷或更大，也可能仅为数平方米的小基地，因此需要依照所规划设计的面积来决定图面比例的大小，而用纸的规格也会影响图面的比例。设计时应视图面的可读性是否已详细表达所欲交待的内容，来决定如何依照设计上的需要渐进式地分区，将图面比例放大。例如：先由Scale为1/1200或1/1000的比例进行设计构想或全区规划配置设计的阶段，接着进入Scale为1/600或1/500的分区设计，之后再进入Scale为1/200或1/100的细部分区设计。过程中每个不同比例的图面都有它所要表现的不同层级，这部分会在后面的"绘图"章节中加以介绍。而当设计发展至细部大样阶段时，则常以1/30、1/20或1/10的比例来画施工图。

比例尺的主要用途是测量放大或缩小尺寸的工具，尺上的刻度十分精细，不可将它拿来作为画直线用的尺，因为这样尺上的刻度很容易被磨损。一般较常用的比例尺有两种规格：30cm及15cm长，尺上有1/100、1/200、1/300、1/400、1/500与1/600六种不同的比例，这些比例上方印有字母"m"，表示尺上的数字是以米为单位的（图32）。例如比例尺1/300的部分在刻度0及10的地方各点个小点，将尺移开后连接这个线段，并在线段下方写上"Scale：1/300"，这线条就代表着一段长10m的线，被缩小三百分之一的比例画在图纸上（图33）。以此类推，我们可以用比例尺以1/200将这段十公米的线段缩小二百倍，或以1/500的比例缩小五百倍，但是一定要记得在画好的图面下方标示比例大小，这样所画的图其大小才有意义。

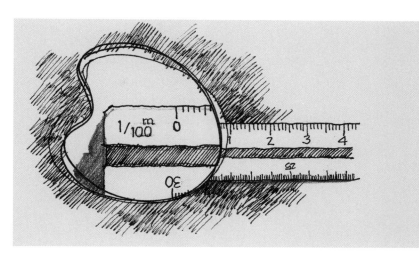

图32 比例尺上有1/100～1/600六种不同的比例，在比例的上方印有字母"m"，表示尺上刻度的数字是以米为单位的。

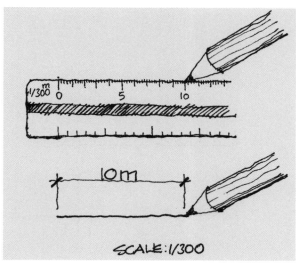

图33 以比例尺1/300的部分为例，在刻度0及10的地方各点个小点，将尺移开后连接这个线段，并且在线段下方写上"Scale：1/300"，这线条就代表着一段长10m的线。

再举个例子：如果想要将一个0.9m×1.5m的地坪以1/100的比例缩小画出，我们只要在尺上1/100的刻度找出0.9及1.5的长度再画出这个矩形，并在它的下方写上"Scale：1/100"就行了。

现在我们已经了解如何使用比例尺上从1/100到1/600的比例，但是如何以1/100到1/600以外的比例制图呢？例如刚才0.9m×1.5m的地坪，以比例1/100画出来图面非常小，因此若改以比例1/20来画，该如何操作？我们可由比例尺1/200的部分来测量长度，再将所测得的数字乘上0.1即可。我们可由图例中比较出同样的面积在图面上被缩成1/100及1/20比例的差异（图**34**）。

在此，可用十分简易的方法记住如何操作此类比例转换的测量方式：以1/30比例为例，先将比例尺上印着1/300比例的分母盖掉一个零，变成1/30，同时比例尺上刻度的数字也都少一个零，10m即变成1m（图**35**）。

同理我们也可以用这样的方法画出1/10、1/20、1/30、1/40、1/50、1/60的比例，而要画1/1、1/2、1/3、1/4、1/5、1/6等比例的图，只需将尺上的比例分母去掉两个零，刻度上的数字也同时少两位数即可。而当我们需要画1/1000～1/6000的比例时，也可在尺上将1/100～1/600的分母加上一个零，同时也在刻度上的数字后面各加上一个零。而经过这些转变后，单位是不会改变的，仍是米（图**36**）。

制图时我们会按照设计上的需求、所要画的量体或空间大小及所要安排在图面上的内容来决定比例的大小，但我们不会以比例尺上无法测得或非常困难测得的比例来制图，例如以比例1/110来制图。但是有些比例，例如1/150、1/250和1/800，虽然比例尺上没有，但可分别由尺上1/300、1/500及1/400来测得，只需将比例尺上分母及刻度上的数字同时减半或加倍即可测得（图**37**）。

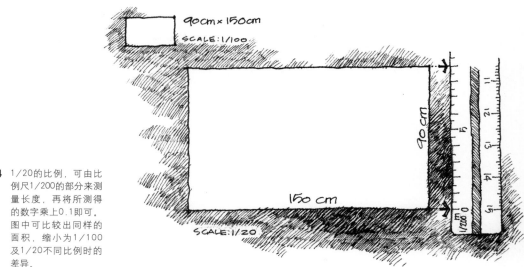

图**34** 1/20的比例，可由比例尺1/200的部分来测量长度，再将所测得的数字乘上0.1即可。图中可比较出同样的面积，缩小为1/100及1/20不同比例时的差异。

在图上，比例的标示应置于图的下方，方式有两种：

1.直接以文字方式标示：例如"Scale：1/100"或"比例：1/100"，此方式的优点是图上的比例大小清楚易读，缺点是图面一旦经过放大或缩小后，所标注的比例信息则是错误的。因此，当我们拿到一份设计图时，都应先检测其比例是否正确，以免因错误的比例信息而导致严重的设计错误。

2.以图例方式来标示：此方式图面即使经过缩放，图上的图例也会随着图面放大或缩小，因此它不会因为图面的缩放而影响到比例信息的正确性（图**38**）。

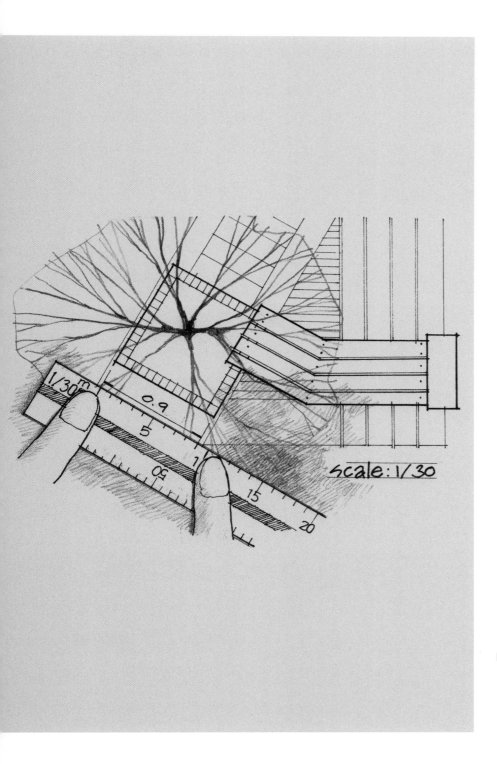

scale：1/30

图35 以1/30比例制图时，可将比例尺上印着"1/300"比例的分母盖掉一个零，变成1/30，同时比例尺刻度上的数字也都少一个零，10m即变成1m。

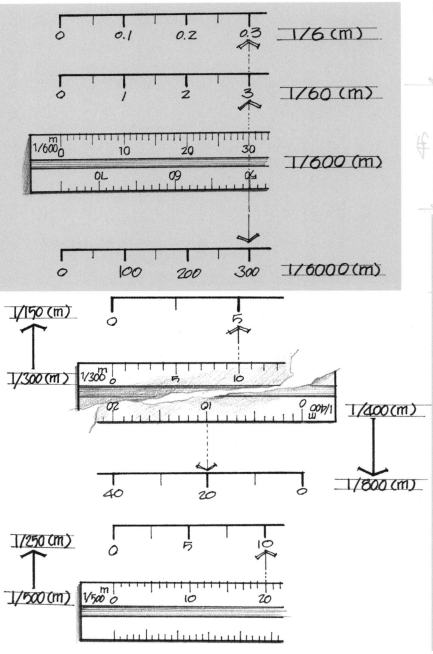

图36 以1/1000至1/6000
的比例制图时，可将
尺上1/100至1/600
的数字后面各加上一
个零，而经过这些转
变后，单位都不会改
变，仍是米。

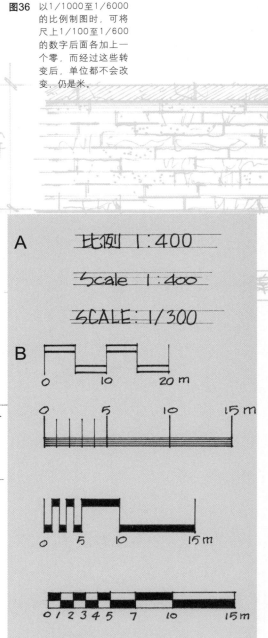

图37 1/150、1/250和1/800的比例可分别由尺上1/300、1/500及1/400测得，只需将比例尺刻
度上的数字减半或加倍即可。

图38 A 以文字方式标示比例，可使比例信息清楚易读。
B 以图例方式标示比例，即使图面经过缩放，图上的
图例也会随着图面放大或缩小，因此不会影响比例信
息的正确性。

1.6 尺寸标注及文字注解

通常，一套设计图说在进行到施工图的阶段时，都需要在图上加入尺寸的标注及相关文字的注解，目的是使施工者了解设计上的所有相关元素，如植栽与设施等的放样位置及工程上所有施工原则与各种材料的材质、规格等相关信息的文字说明（图**39**）。当图说上所标注的尺寸与比例尺所测得的尺寸不吻合时，会以图上所标注的尺寸为准。

■ 尺寸标注方式

一般较常用的尺寸标注如图所示有三种画法（图**40**）。在一份图说当中，若无特殊因素，应采用统一形式的尺寸标注方式。图面越复杂时，所需标注的尺寸会越繁琐。制图者应先仔细安排所要标注尺

寸的合适位置，让人能够清楚地读图，同时也应免除多余或重复的尺寸标注。

尺寸标注时应遵守下列几项原则：

1. 尺寸线必须较主体的线条轻。以针笔线为例，若主体是以0.5的线条绘制，尺寸线则宜用0.2或0.1的线条来绘制。若是以铅笔制图，主体及尺寸线条也应有较明显的轻重差异，但尺寸线也不宜太轻，使人不易阅读。

2. 从主体延伸出来的线条，必须与主体所要标注的线段垂直，但不得与主体线连接，距离约2mm。

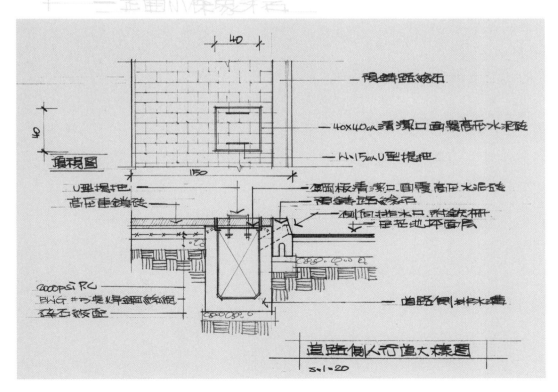

图39 在施工图上需要加入尺寸标注及相关文字的注解，目的是使施工者了解设计工程上所有相关信息（一般由工程顾问公司提供）。

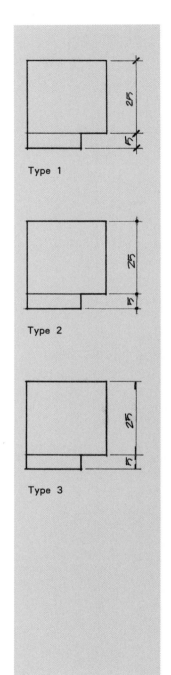

Type 1

Type 2

Type 3

图40 三种较常用的尺寸标注画法。

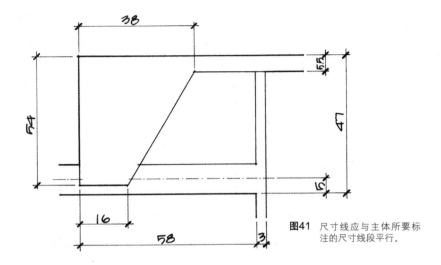

图41 尺寸线应与主体所要标注的尺寸线段平行。

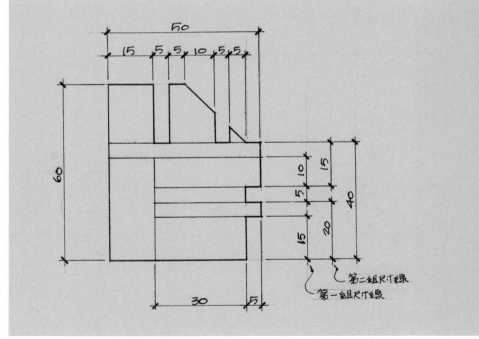

第二组尺寸线

第一组尺寸线

图42 安置尺寸线时,第一组尺寸线(即最靠近主体的尺寸线)与主体间的距离会较长,而第二组及以后的尺寸线之间的距离应较短,并维持相等的距离。

3. 尺寸线应与主体所要标注的尺寸线段平行（图**41**）。若是采用Type 1或Type 2的标注方式，尺寸线的两端应相交后各延伸约2mm。Type 1是以长约3mm的45°粗短线画在两端相交处，以铅笔制图时，这样的粗线可以用2B或是4B铅笔磨钝后再画。而针笔制图时则可用0.5或0.8的针笔来画。Type 2则是分别以两端相交处为圆心，各画一个直径约为1mm的小圆点。若是采用Type 3的标注方式，则尺寸线的两端不可超出延伸线，并在尺寸线两端各画一个长约2～3mm的细长箭头，指向两端延伸线。

4. 安置尺寸线时，第一组尺寸线（即最靠近主体的尺寸线）与主体间的距离会较长，约为10～15mm。而第二组及以后的尺寸线之间的距离应较短，并维持相等的距离，约为5～8mm（图**42**）。

5. 将图上较小的尺寸放在内侧，即靠近主体的一侧，这样可以尽量避免线条间的交错。

6. 不要将能够安置在一条直线上的尺寸错开（图**43**）。

7. 所要标注的数字应以阿拉伯数字工程字书写，数字应写于尺寸线的中央上方或左侧距离尺寸线1mm处。若尺寸线为斜线，则应写在尺寸线上方，勿将数字贴在尺寸线上或穿过尺寸线。

8. 若尺寸之间过于拥挤，可将局部图面放大后再予标注，并在图上标明所放大的部位及比例。当尺寸线较短时，可改以箭头方式在线的两端由外指向内（图**44**）。

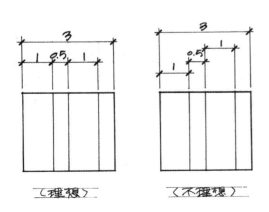

图43 不要将可安置在一条直线上的尺寸错开。

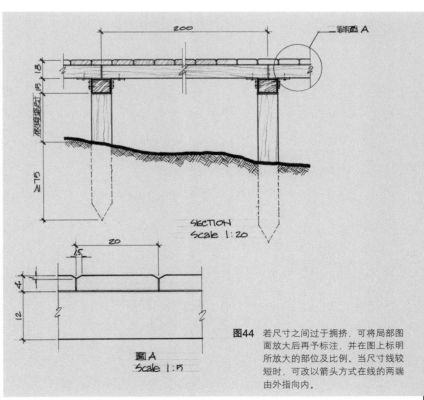

图44 若尺寸之间过于拥挤，可将局部图面放大后再予标注，并在图上标明所放大的部位及比例。当尺寸线较短时，可改以箭头方式在线的两端由外指向内。

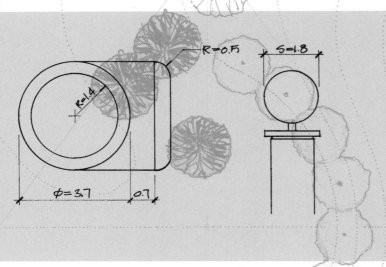

图45 半径的标示方式是从圆心画一条45°线至圆周，将箭头指向圆周，并在线的上方或左侧标示其长度。

■ 圆、曲线及角度的标注方式

图上若有圆弧及曲线，在标注其尺寸时，通常需要标注的信息有：圆心的位置、半径及圆弧的角度。

圆心及其半径的标示方式如图示（图45）。半径是从圆心画一条45°线至圆周，并将箭头指向圆周，在线的上方或左侧以"R＝长度"标示其长度。若半径太小，不易标上尺寸数字时，可将半径尺寸线由圆外向圆周画一条45°线（此线条的延伸必须能够通过圆心），并将此线的箭头指向圆周。制图时以R或r代表半径，Ø代表直径，S则代表球体。

角度的标示方式是以所要标注的角为圆心，在其夹角范围内画一个圆弧，在圆弧两端加上箭头指出角度的范围，并在圆弧的上方或左侧标示其角度。若角度较小时，可将箭头置于夹角外侧由外向内指（图46）。

常用的曲线标注有下列三种方式：

1．在曲线旁或通过曲线先画出一条直线作为"参考线"，在参考线上以固定的间距标示出曲线与参考线的垂直距离，间距越小则放样越准确。再标明参考线与图上其他线条或放样基准点的对应关系及距离（图47）。

2．找出曲线上每一段圆弧的圆心、分界点及角度，并标注出每个圆心的对应关系及距离（图48）。

3．以水平、垂直线在包含曲线的范围内以固定的距离打格子，标注出曲线在格子内的坐标位置，格子越小则放样越准确（图49）。

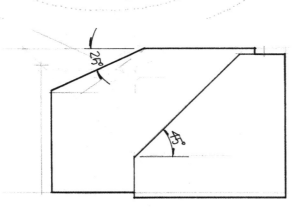

图46 角度的标示方式，是以所要标注的角为圆心，在其夹角范围内画一个圆弧，在圆弧两端加上箭头指出角度的范围，并在圆弧的上方或左侧标示其角度。

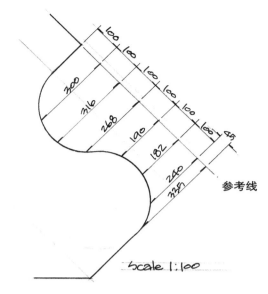

scale 1:100

图47 在曲线旁或通过曲线先画出一条直线作为"参考线"，在参考线上以固定的间距标示出曲线与参考线的垂直距离，再标明参考线与图上其他线条或放样基准点的对应关系及距离。

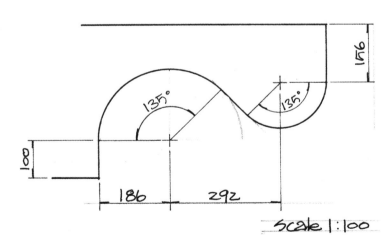

scale 1:100

图48 找出曲线上每一段圆弧的圆心、分界点及角度，并标注出每个圆心的对应关系及距离。

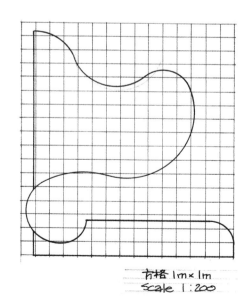

方格 1m×1m
scale 1:200

图49 以水平、垂直线在包含曲线的范围内以固定的距离打格子，标注出线在格子内的坐标位置。

■ 图上的文字注解

除了标示尺寸外，利用文字及符号注解也可以说明图上的许多相关信息，例如施工规范、准则及材质说明等。图说上的任何文字注解，无论是中、英文或数字都需以工程字书写。若所要标示的注解适用于整套或整张图纸，应将注解放在整套图说上的首页，或整张图上的明显位置；但若是针对不同图面的局部作说明的注解，则需以指线的方式，指出图中需要说明的部分。指线和尺寸线一样需为细线。在同一图上的指线应尽量统一角度，较常用的包括30°、45°、60°线及水平、垂直线。

有角度的指线会在加文字注解的一端加一段水平线，并在指线指向主体物的一端加上一小圆点或箭头（图50）。在安置这些指线时，应尽量避免与图上其他线条交错，并需预留文字说明的空间。因此，在制图前就应先构思好图面上尺寸标注及文字注解的理想位置，使得图面能够清楚、容易地被阅读。

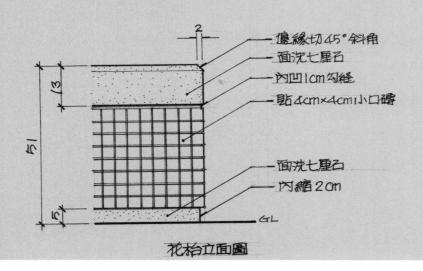

花枱立面圖

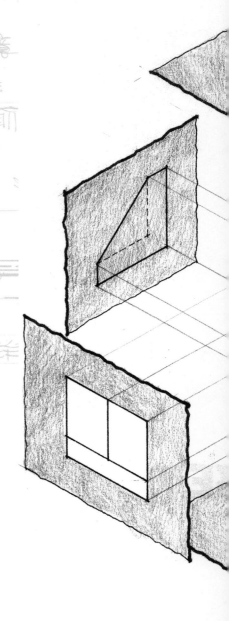

图50 在同一图上指线应尽量统一角度，较常用的包括30°、45°、60°线及水平、垂直线。有角度的指线会在加文字注解的一端加一段水平线，并在指线指向主体物的一端加上一小圆点或箭头。

1.7 正投影图法

投影图法包括属于平行投影系统的〝正投影图法〞与〝斜投影图法〞以及属于非平行投影系统的〝透视图法〞。本章节主要介绍以平行投影方式画成的正投影图法。

简单来说，〝正投影图法〞是将物体上所有的点、线、面以垂直正交的方式投影到画面上，我们可将物体投影至上下、前后、左右的六个垂直及水平投影面上（图51），而这些投影图是设计者用来说明空间或立体物件的基本图法之一（图52）。

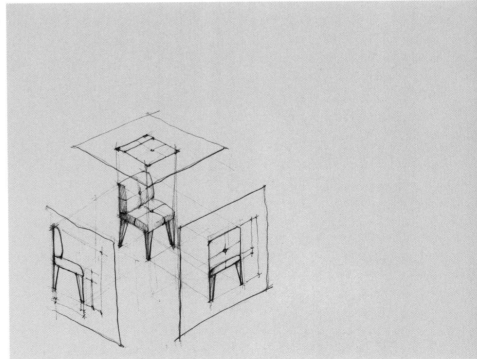

图51 正投影图法是以与画面垂直的平行投影方式，将物体投影至上下、前后、左右的六个不同的画面上。

图52 设计者可利用正投影图法来说明所设计的空间或物件。

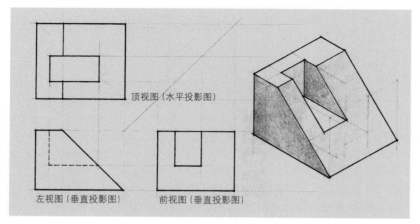

图53 顶视图、左视图(或右视图)及前视图 (或后视图) 就足以说明一个物体的形体,
称为"三视图"。

顶视图(水平投影图)

左视图(垂直投影图)　　　前视图(垂直投影图)

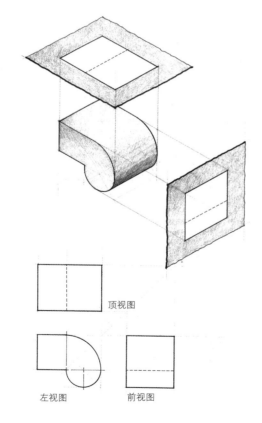

顶视图

左视图　　　前视图

图54 正投影图上由于同一曲面的转向无法构成两个面的交
界线,因此在前视图中只能画出曲面的边缘线。

■ 三视图

虽然每个物体我们都能画出上下、前后、左右六
个方向的投影图,但就设计图上的要求来说,这
六个投影面却提供了许多重复的信息。因此以
"正投影图法"表现物体的投影面时,可视其形
状的复杂度而决定需要以几个投影面来表现。
如图53中的形体较为单纯,只需六个投影图中的
两向垂直视图,或是顶视图及左视图,即可了解
物体的形状。一般而言,顶视图、左视图(或右
视图)及前视图(或后视图),即一向水平投影
图及两向垂直投影图,就足以说明一个物体的形
状,我们将这三向投影图简称为"三视图"(图
53、54)。

实线与虚线

以正投影图法画各向视图时,主要是以实线表现
物体的轮廓,即物体的边缘线及面与面的交界
线,而视图中隐藏于背后的线则以虚线表示,因
此由前视图中即可获得前、后两视图的信息;而
由左视图中也可获得左、右两视图的信息。

要将物体上的曲面绘在正投影图上时,由于同一
曲面的转向无法构成两个面的交界线(如图**54**中
的前视图),因此在正投影图上只能画出曲面的
边缘线。

辅助线

当我们以正投影图法画出各向视图来说明物体的
形体时,物体相邻的两个面一定会有相同的长度
关系。例如左视图及右视图中一定会有物体相同
的高度信息。因此,各向视图应依其相互对应关
系来决定其位置及方向的排列,这样才能够更清
楚地说明物体的形状。习惯上,会依各向视图相
对于物体的方位来安置位置。例如:将顶视图
置于上方,而顶视图的正下方应为对应相同宽度
的侧向立面视图。两向立面视图则应画于同一高

度，三向视图间以辅助线连接，这样才能清楚地说明其相互之间的对应关系（图55）。

除了了解如何以正投影图法的观念来判断并画出物体的三视图外，如何由三视图来判断出物体的形状也是一样的重要。以等角投影图为例，先将三向视图以轻线画出构成立体图的三个面的主要范围或最大范围，接着以轻线在三个面上分别画出三视图上的线条，通过这些线条可以判断哪一个面是比较有决定性的关键视图，先由此面在立体图上作切割。以图56为例，左视图为较关键的视图，由于此视图上出现的几乎都是物体的轮廓线，因此较容易判断出物体的外形。

第一步切割后，再由前视图判断出圆弧部分的轮廓线。此外在判断斜面时，应按步骤找出斜面在各个投影面上的点与面的位置，再由这些点或线的连接找出立体图上每个"面"所出现的正确位置，待形体明确后再以重线画出物体正确的立体图（图56）（立体图的画法请参阅"2.7轴测及等角投影图"）。

有些图形复杂度较高，需有耐心地层层思考，先找出是否有关键视图，并且在三度（立体）空间上思考每条实线与虚线所代表的意义与可能出现的位置。由外层渐渐向内推断图上每个点经投影后会出现的位置，才能推断出物体的正确立体形状。

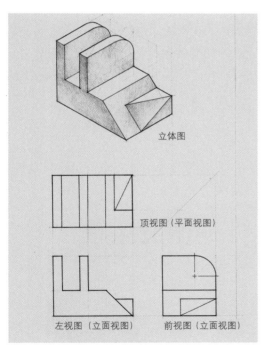

图55　画三视图时，应依各向视图相对于物体的方位来安排位置：将顶视图置于上方，而顶视图的正下方应为对应相同宽度的侧向视图，两向立面视图则应画于同一高度，三向视图间应以辅助线连接，以说明其相互之间的对应关系。

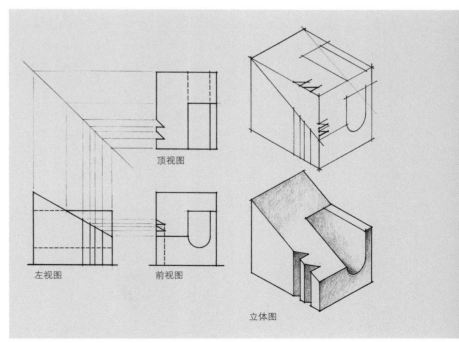

图56　左视图为关键视图，较容易判断出物体的外形。

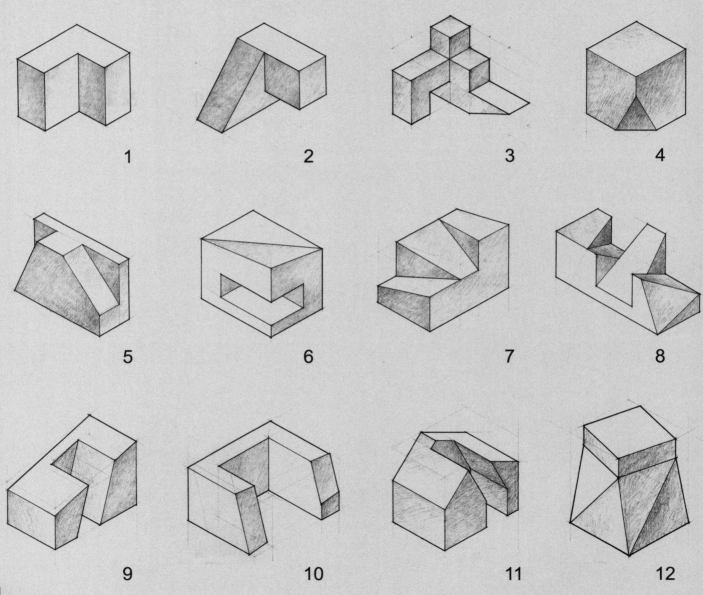

1

2

3

4

5

6

7

8

9

10

11

12

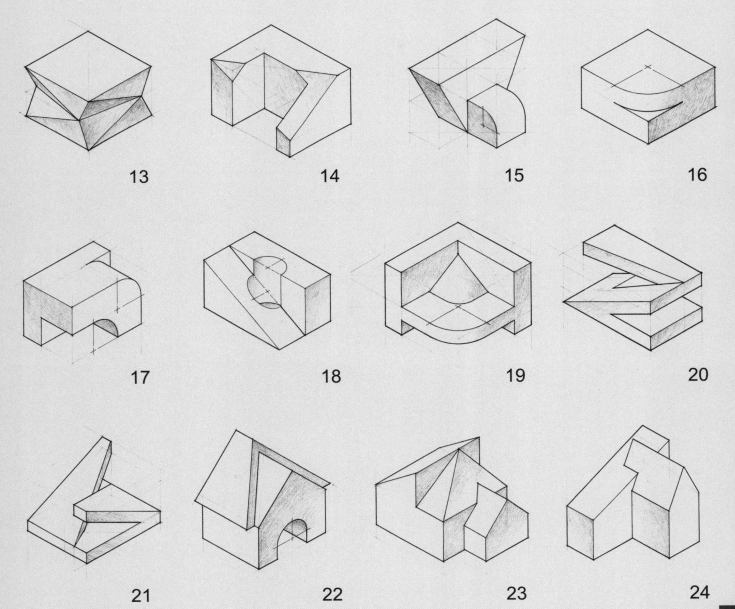

13 14 15 16

17 18 19 20

21 22 23 24

立体图练习

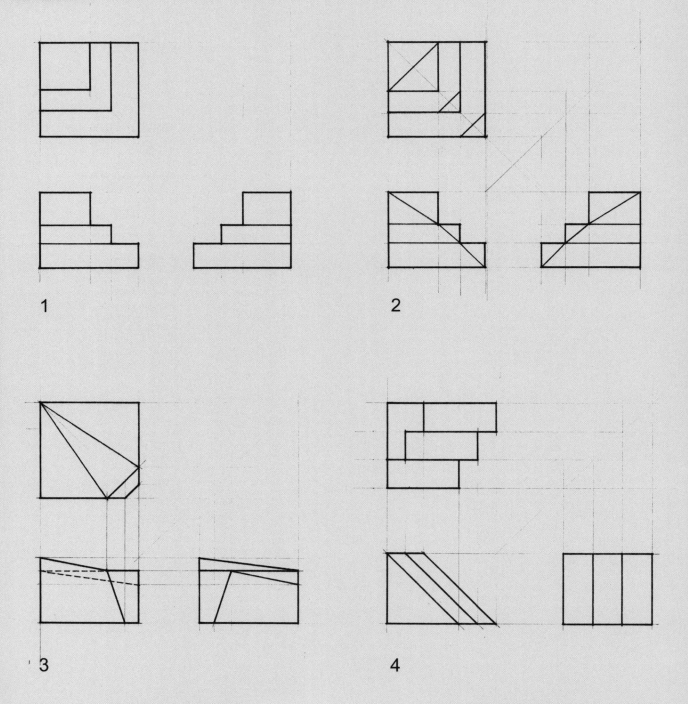

1

2

3

4

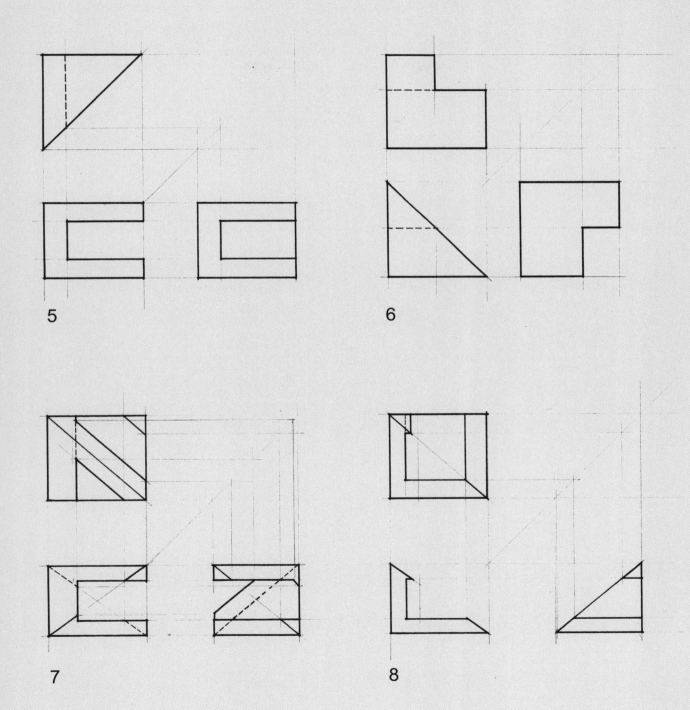

5

6

7

8

37

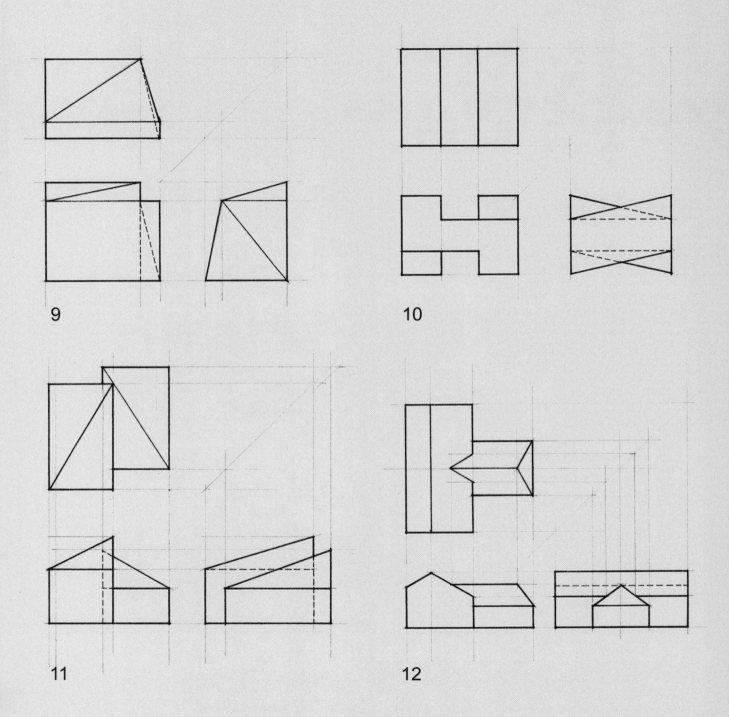

9

10

11

12

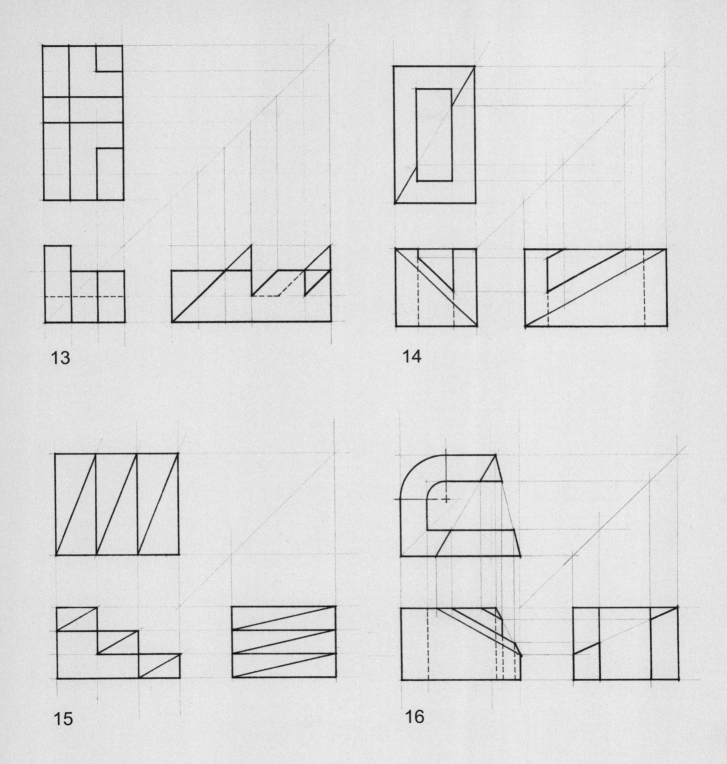

13

14

15

16

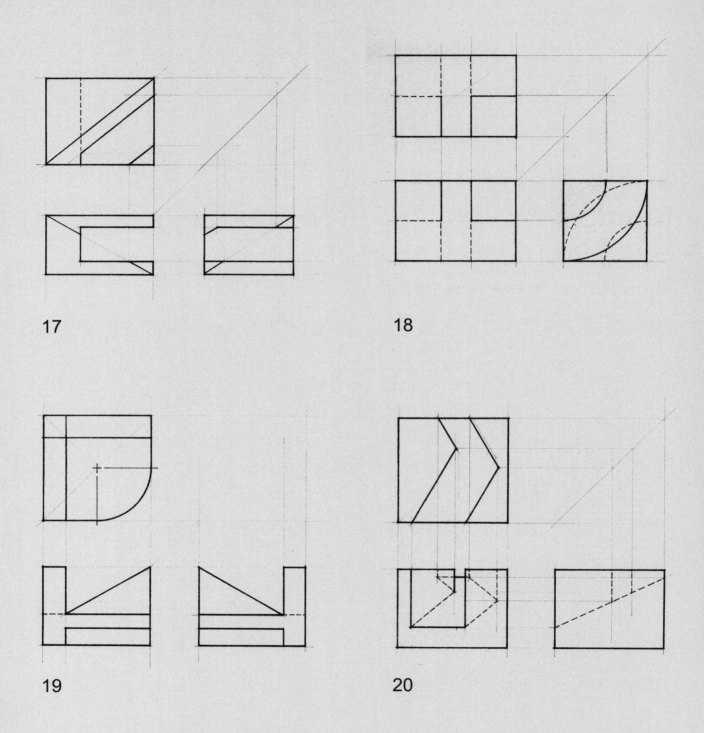

17

18

19

20

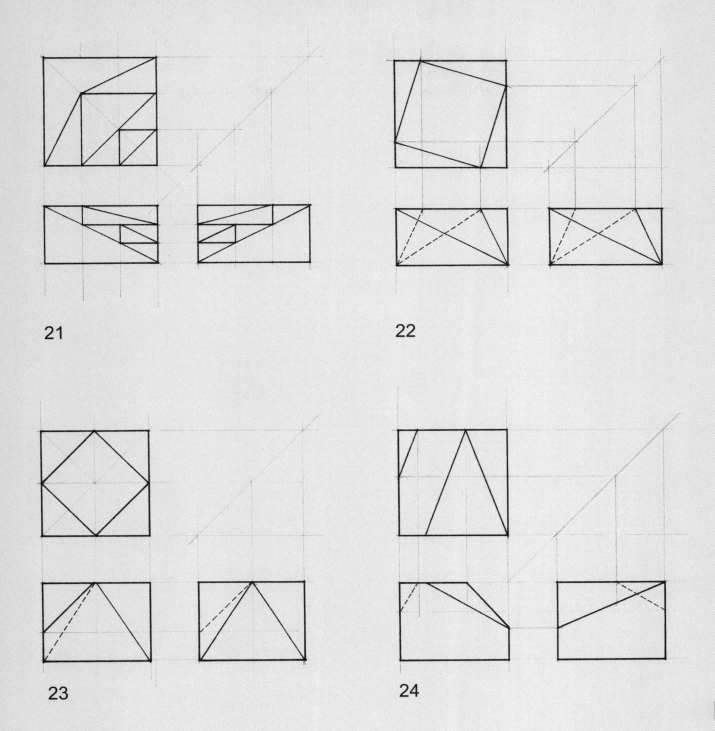

21

22

23

24

■ 正投影图法的运用

前面的范例都是以积木般的几何形体作正投影图法的说明，但事实上，我们生活中所接触到的任何物体，都可用正投影图法将它们形体的各向视图画出来。但凡我们随手可得的笔、皮夹、手机，甚至蔬菜、水果，也都能够以正投影图法画出来（图57～60）。这种图面所要呈现的不仅是让人了解物体的形状，同时还能够使人由图中了解物体的实际大小尺寸，甚至每一个面的细部。

因此，正投影图法会被运用到各种设计领域，例如工业设计、产品设计，当然它也可以运用在空间设计、建筑设计、室内设计与景观设计（图61～63）中。这些不同的专业领域中所需绘制的平面、立面图等，都是"正投影图"概念的运用。

图57 手机三视图

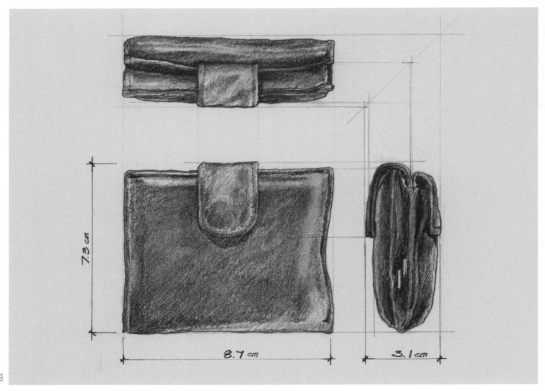

图58 皮夹三视图

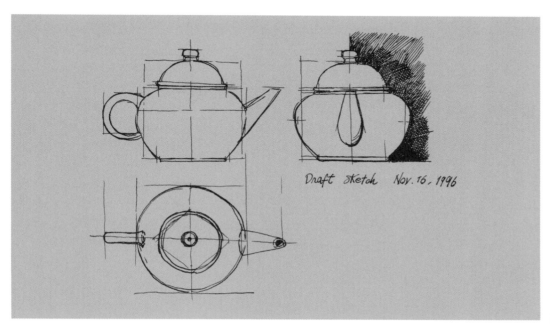

图59 茶壶三视图（吴树陆绘）

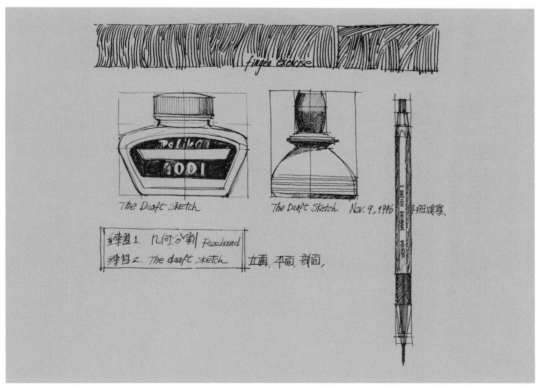

图60 墨水瓶及工程笔的正投影图
（吴树陆绘）

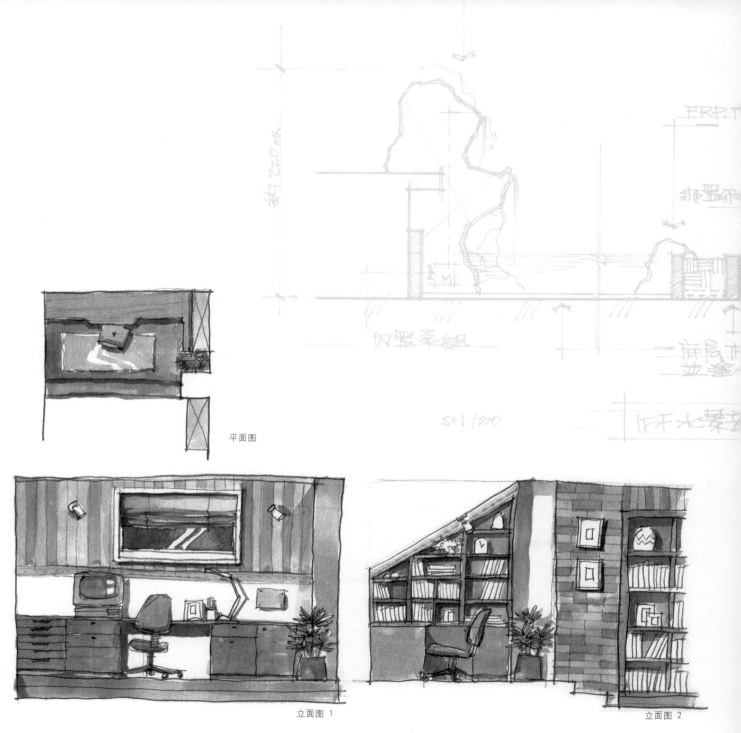

平面图

立面图 1

立面图 2

图61 室内空间平面图、立面图（陈怡如绘）

图62 建筑设计立面图（张家弘建筑师事务所提供，陈怡如绘）

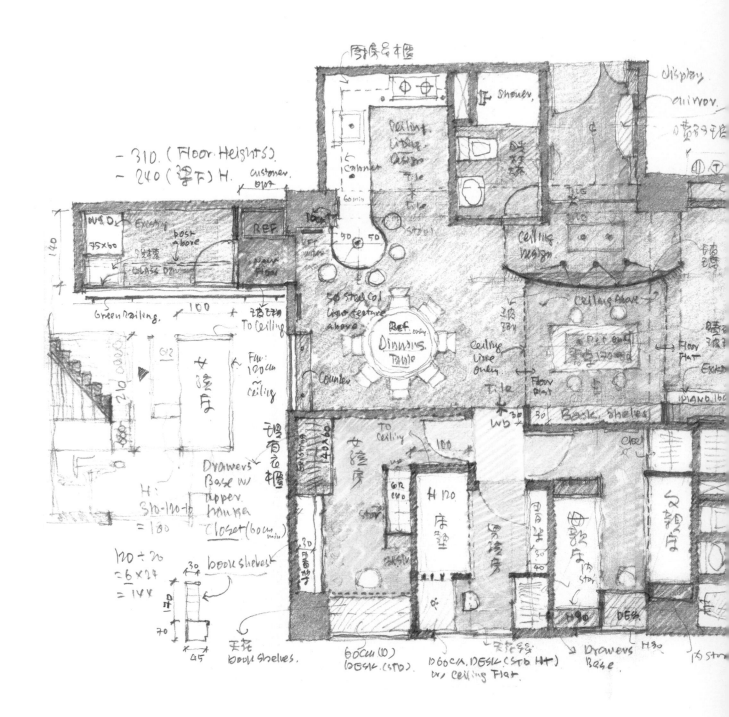

- 310. (Floor Heights)
- 240 (樓下) H.

customer
out

厨櫃各櫃

display
mirror
0壺8分7釐

shower

Ceiling
Lighting
design
Tile
Cabinet
60 min
Tile

O/s D.
75×60
Existing
book
above
9攞本本
GLASS D.

REF.

Main
Flow

Ceiling
design

140

Green Railing.
100
存之之本
To Ceiling

50 Stud Col
Line Feature
above

Ref. only
Dinners.
Table

Counter

Ceiling
line
over

Ceiling Above
中Ref. only
120cm

本壺
3分7釐
Floor
Flat

0壺
3分7釐

EXIST.

IPIANO.160

02
中浴房

Fan
120cm
~ceiling

Ceiling
Line
over
Tile

Wb
30
30
Book Shelves
Chest

210
28000

中衣櫃

Drawers
Base w/
upper.
hanka.
Closet (60cm min)

Existing
140×60

To Ceiling
100

H.
310-120-10
=180

120÷20
=6×24
=144

120=
30
book shelves

中主房

TO
Ceiling
stor
6R
240

H 120
主壁

男浴房

店房
stor

H90

DE5K

書架房
store

主花
book shelves.
70

45

60cm (L)
DESK. (STD).

天花各各
D60CM. DESK (STD HT)
or ceiling Flat.

天花各各
Drawers
Base.

H30

內 Stor

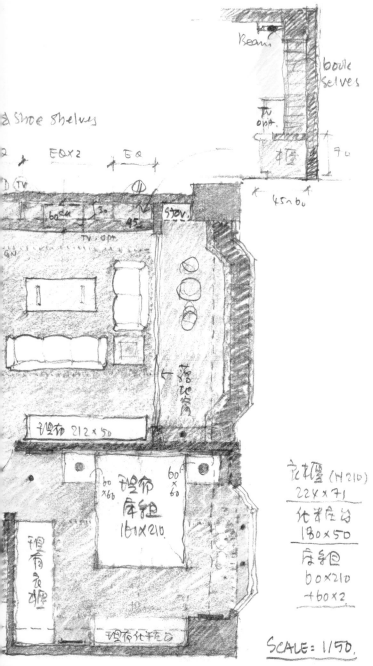

a shoe shelves

Beam

bookselves

TV opn.

TV opn.

STOV.

EQ×2   EQ

60cm   30   45

壁布 212×50

壁布床组 180×210

60×60   60×60

壁布衣柜

壁布化半左台

衣柜 (H 210)
224×71

化半庄台
180×50

床头柜
60×210
+60×2

SCALE: 1/150.

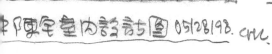

图63 室内设计平面图（陈朝兴绘）

HL

绘图

2

2.1 关于景观设计绘图

景观设计的领域中，绘图与制图最大的差异在于
制图部分主要是以理性的方式来操作工具，按照
一定的规范及法则不断练习，才能熟练掌握制图
技巧；而绘图部分除了理性的思考，还需融入感
性的笔法，才能将设计图表现得专业而生动。在
景观设计的领域，除了可运用各种硬体景观元

素外，还有许多变化极为丰富的自然元
形、水、石头、光影等，甚至包括了一些具有生
命的元素，如植栽。这些元素是无法用平行尺、
三角板画出来的，它们需靠绘图者熟练的笔法并
融入情感才能够表现出美感（图64）。

图64 在景观设计的领域里，有许多变化极为丰富的自然元素，如植被、地形、水、石头、光影等，这些元素是无法用平行尺、
三角板画出来的，它们需靠绘图者熟练的笔法并融入情感才能够表现出其美感。

■ 绘图的自我训练

在景观设计的训练过程中，"绘图的自我训练"是十分重要的。

这个训练过程必须凭借敏锐的观察力，对于周遭任何看得见的形体、光影、色彩、质感——无论是视觉上的、触觉上的还是嗅觉上的——都应能够凭借自己的感官世界，将它们真实地以纸和笔记录下来。绘图的自我训练，不是一个阶段性的过程，它是一种持续的自我训练；当绘图者选择了自己认为最合适的纸和笔，开始一笔笔地绘画时，就如同雕刻者手中握着雕刻刀，开始一刀刀雕琢痕迹一样（图65、66）。

在自我训练的过程中，我们可以先将空间里的元素简化，从画"点"开始练习，运用不同的笔，慢慢地感受画点的节奏、轻重、快慢、粗细、疏密……

图65 绘图的自我训练，不是一个阶段性的过程，它是一种持续的自我训练。（吴树陆绘）

Feb. 19. 1997

Feb. 18. 1997

Modeling with ink scribble

Feb. 13. 1997

Modelling with ink scribble
Feb. 22. 1997

铅笔的练习 Contour drawing
之後,需圖更有觸感. 实体感
Feb. 22. 1997

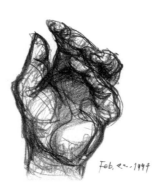

Feb. 22. 1997

To learn to draw you must learn to see.

To learn to draw you must learn to feel.

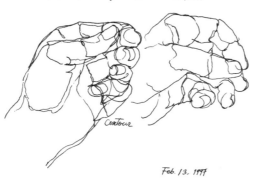

Contour

Feb. 13. 1997

April 2. 1996 Gesture

图66 当绘图者选择了自己认为最合适的纸和笔，开始一笔
笔刻画时，就如同雕刻者手中握着雕刻刀，开始一刀
刀雕琢痕迹一样。（吴树陆绘）

接着再进入"线"的练习。"线"的变化就比"点"要复杂许多，不同粗细的直线、曲线如何起始，如何终结，如何连续，如何截断？此线段是轻还是重？这些都意味着线条本身的个性。也可以试着以不同律动的手法来表现不同节奏情境的线条（图67）。

而后，再试着由不同性格的"点"和"线"组成各种"面"，当这些"面"都能表现出各种不同情境的质感时，我们就可将这些质感所表现出的形式语汇运用在空间设计上（图68）。

图67 将线条以律动的手法表现出不同的节奏情境。

图68 当"点"或"线"所组成的"面"能够表现出各种不同情境的质感时，我们就可将这些质感所表现出的形式语汇运用在空间设计上。(吴树陆绘)

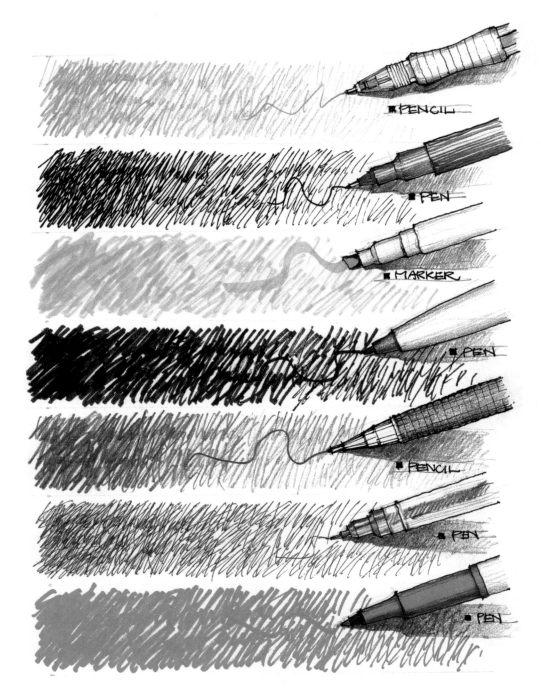

图69 绘图用笔主要可分为铅笔及墨水笔类，每一种笔都可表现出不同的笔触效果。

■ 绘图工具

绘图工具涵盖的范围很广，主要可分为纸张、笔及着色工具等三大类。

纸类

纸的种类很多，一般常见的绘图用纸有模造纸、西卡纸、铜版纸及粉彩纸、云彩纸等各类美术用纸等，或是针对特定用笔的专用纸张，如水彩专用纸、麦克笔专用纸等，或方便画设计草图的半透明草图纸及可用以晒图的半透明描图纸等。各种不同纸张，其厚度及表面质感粗细与用笔的选择，都会反映出不同的效果。

笔类

绘图用笔与纸张一样也有许多选择，每一种笔都会表现出不同的笔触效果，主要可分为铅笔及墨水笔类（图**69**）。

铅笔除了各种软硬质的传统笔外，还有一些设计成特粗笔芯的绘图铅笔，适用于画设计草图，因此也很受设计者的喜爱（图**70**）。

而墨水笔主要有钢笔、针笔、代针笔、钢珠笔、沾水笔及签字笔等，这些笔都有不同的特色，墨水也有耐水性及非耐水性的差异。

着色工具类

设计绘图上较常用的着色工具及颜料包括彩色铅笔、压克力原料、水彩、粉彩、麦克笔等（图**71**）。

对于这些不同的纸张及用笔，设计者会因自己的偏好选择自己较熟练的工具使用，但是各种不同纸笔所能够表达的情境语汇，唯有靠不断的自我训练才能体验出来。

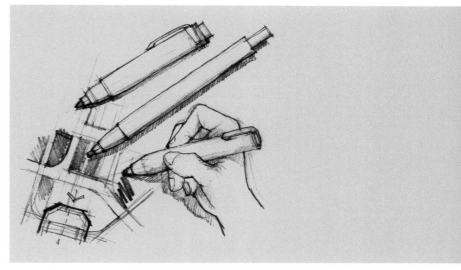

图70 除了传统铅笔外，还有一些设计成特粗笔芯的绘图铅笔，适用于画设计草图，也很受设计者的喜爱。

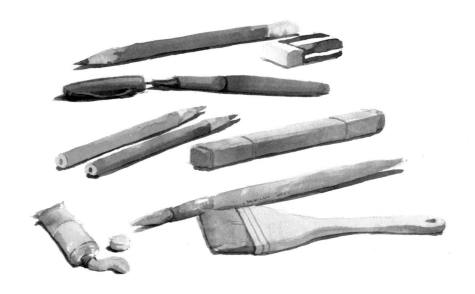

图71 设计绘图上常用的着色工具及颜料。

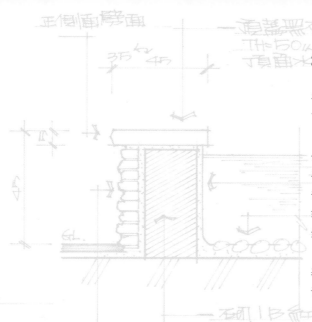

2.2 景观设计绘图类别

在景观设计的过程中，所需要的图纸类别主要包括下列几种（图72～74）：

分析及构想图
平面与配置图
剖面与立面图
轴测、等角投影图及透视图
细部设计图

基地调查与分析是进入设计阶段前的工作。设计者会将所调查分析的结果整理成基地调查图

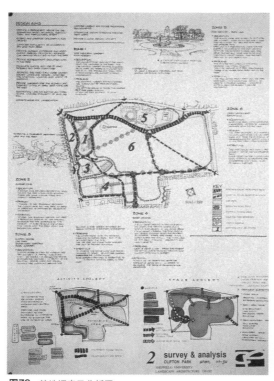

图72 基地调查及分析图

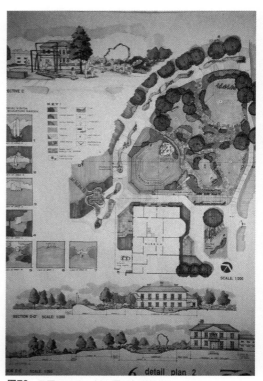

图73 平面配置图、剖立面图与透视图

56

(Site Survey) 与基地分析图 (Site Analysis)，而后再依据分析结果发展出设计概念构想图 (Design Concepts)，并发展出可能的替选方案 (Alternative of Design)，最后再经评估，选出最合适的方案作为发展设计的总配置图 (Master Plan)。

这个配置图会依基地面积大小而决定所采用的比例，并且设计者通常在平面设计的阶段会同时以剖、立面图 (Section、Elevation) 及立体图面的表现形式，如轴测、等角投影图 (Axonometric、Isometric) 及透视图 (Perspective) 等来辅助设计者对于空间设计的思考发展。

通常在分区设计中，平、立面图的架构发展至1／200至1／100的比例后，即可进入细部设计 (Detail Design) 的阶段，绘制施工图集。细部设计图说的内容会因基地特性及设计内容而有所差异，一般会包括放样图、竖向及排水图、植栽、灯具等配置图及设施细部结构、材料、尺寸等详图，这些图面主要是以放大比例的平面、立面及剖面图绘制。

在以下章节中，我们会针对景观设计发展过程中各种设计图面的绘图技巧来加以讨论。

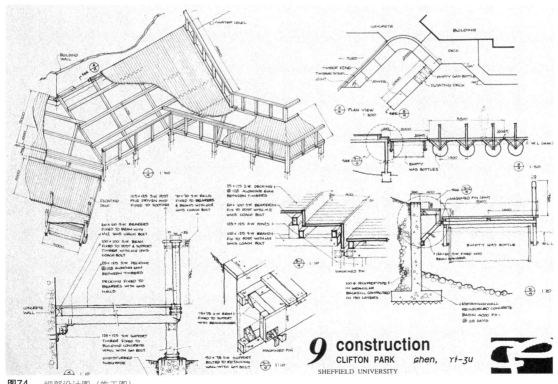

图74 细部设计图（施工图）

2.3 设计草图

任何一种图纸，无论是理性的制图还是感性的绘图，都必须有草图的阶段。就理性的设计制图而言，草图阶段主要在于构思如何架构图面，包含构图及顺序的安排等；但就感性的设计绘图而言，草图则包含了更广泛的层面，它代表着另一层涵义，即"设计的思考过程"（图75）。因此，人们在研究大师的设计作品时，经常会通过他们的草图手稿来寻找其思考的轨迹。

一个设计者，必须能够在不同设计阶段的思考过程中，通过许多草图的绘制使设计思考逐渐成熟。因此，在学习设计的过程中，最重要的是学习如何将自己的思考能够很快地、很自由地以各种草图的方式表达出来（图76）。

在设计思考过程中，设计者的思路有时会因设计难度与灵感等因素受到阻碍，然而，它仅仅是一个过程，在这个过程当中，设计者应该选择自己可以最自由发挥灵感与创意的纸和笔，在没有束缚的情况下画草图。

针对不同阶段的草图，习惯上会先以徒手画，待设计构思较明确后，再结合工具线及徒手线完成"正草图"，如按正确比例所画的平、立面草图（图77）。

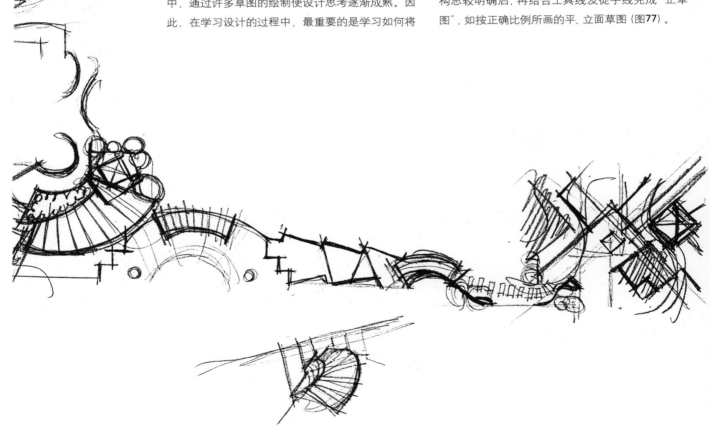

图75 就感性的设计绘图而言，草图包含了更广泛的层面，它代表着另一层涵义，即"设计的思考过程"。（大凡工程顾问公司提供）

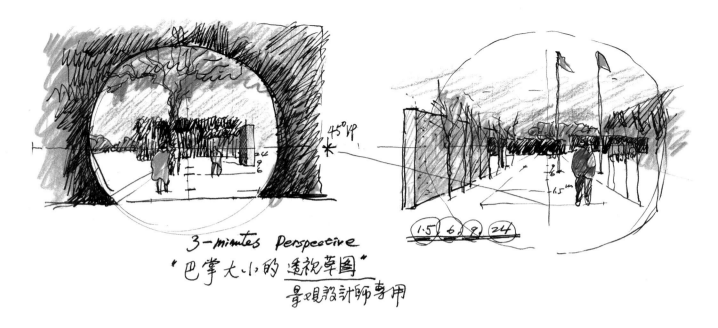

3-minutes Perspective
"巴掌大小的 透视草图"
景观设计师专用

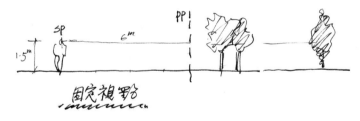

固定视野

图76 在设计的训练过程中，最重要的是学习如何将自己的思考能够快速地、自由地以各种草图的方式表达出来。（吴树陆绘）

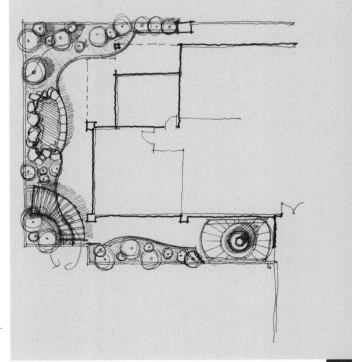

图77 针对不同阶段的草图，习惯上会先以徒手画，待设计构思较明确后，再结合工具线及徒手线完成正草图。（大凡工程顾问公司提供）

而定案的设计正图，则可选择以不同风格的方式表现图面，如以较严谨的工具线条表现，或以较灵活的徒手线条表现，或是选择以电脑作为辅助绘图的工具。

这里要特别说明的是，草图阶段的徒手线与画正图时的徒手线是截然不同的。草图阶段的徒手线条自由度较高，并无限定线条的形式；而画正图的徒手线，则必须先以工具线打底稿，再徒手描绘。我们可以在图例中比较其差异性（图78）。

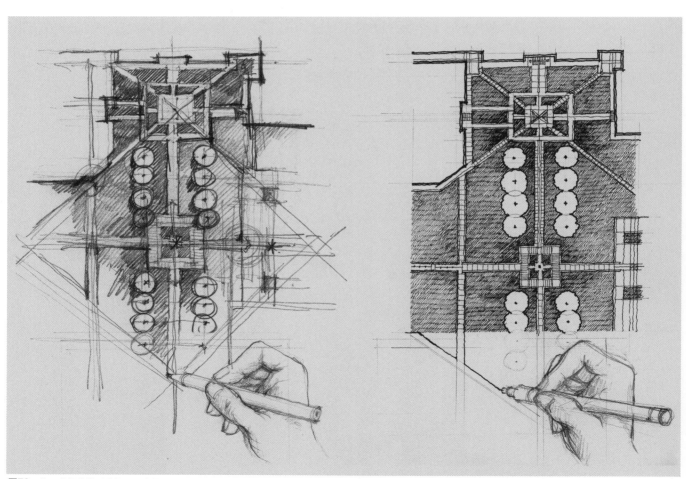

图78 草图阶段的徒手线条自由度较高，并无限定线条的形式(左图)；而画正图的徒手线，则必须先以工具线打底稿，再徒手描绘（右图）。

2.4 分析及构想图

■ 分析及构想图的特质

这类图包括＂基地调查＂、＂基地分析图＂及＂设
计概念构想图＂等，这些图主要以简化的图形及
抽象的符号（Diagramming）加上文字说明来表现
调查及分析的内容及结果，同时也可能依不同基
地特质，在这类图说中加入照片、图表等各类相
关信息辅助说明（图72）。

■ 分析及构想图中的符号

在这类图中，常出现的符号包括下列几种类型：

线状符号及方向符号

这类符号用来说明线性空间、空间上的动线及动
向。画法可有许多种不同变化，通常会以线条
（或断线）的不同粗细或颜色来表示其主次层级，
如主动线、次动线，或不同类别的动线，如步
行、车行动线或自行车道等。在这些线条（或
断线）的端点加上箭头，则可用来说明这些动线
的方向（图79）。通常线状符号及方向符号会以
不同粗细的签字笔、麦克笔来画，若使用的签字
笔或麦克笔墨水过于饱满，会容易使线条晕开，
使用前可先用纸巾吸收一部分墨水后再画，而
起笔及停笔时尽量勿将笔在纸上停顿。此外，可
另外准备一支同色或深色的细笔，将画好的线条
轮廓描绘一次，可修饰掉线条外缘不平整的部分
（图80）。

若要以麦克笔画断线的方式表现动线，最好线段
的间距不要太大，断线若有曲度，则每个线段的
断开部分都应垂直于曲线本身（图81）。若这类线
状符号有分叉，分叉点应避免出现在线条断开处
（图80）。

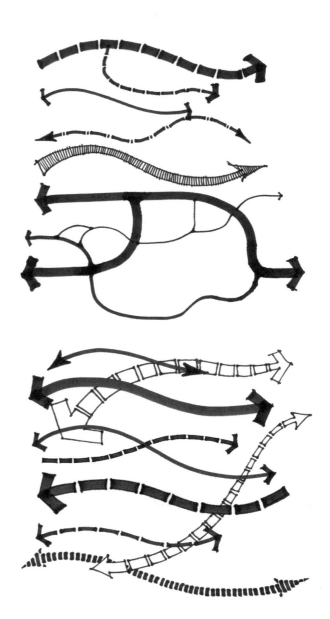

图79 线性符号用来说明空间上的动线及方向。通常会以线条（或断线）
的不同粗细或颜色来表示其主次层级，或不同类别的动线。在这
些线条（或断线）的端点加上箭头，可用来说明这些动线的方向。

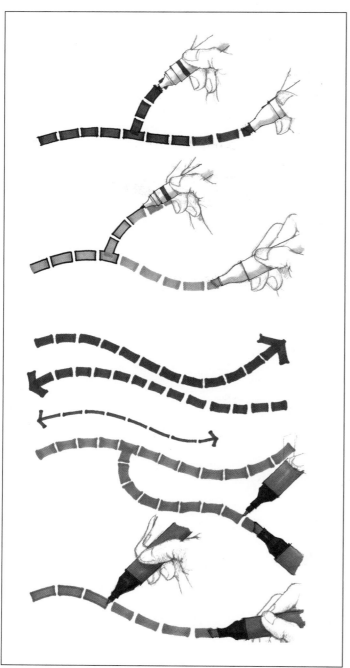

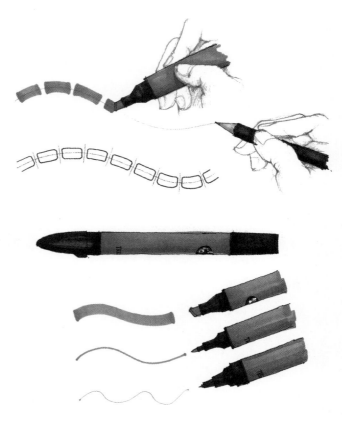

图80 若要修饰掉麦克笔线条外缘的不平整部分，可准备一支同色或深色的细笔，将画好的麦克笔线条轮廓描绘一次。线状符号若有分叉，其分叉点应避免出现在线条断开处。

图81 以麦克笔画断线时，线段间距不宜太大。断线若有曲度，则每个线段的断开部分都应垂直于曲线本身。

区域型符号

这类符号以面状来说明区域型空间，较常见的画法是以曲线画出不规则（或圆形）的封闭区域，这些区域可以代表不同性质的空间范围。由于这些图形看似泡泡状，因此常有人将画有许多大大小小区域符号的分析构想图称作"泡泡图" (Bubble Diagrams)。此外，区域型符号也经常与线状符号及箭头合并使用，用以说明两个空间的互动关系（图82）。

区域型符号的线条部分可用麦克笔或粗签字笔来画，而面状部分宜采用粉彩、水彩或麦克笔上色。

结点符号

结点符号会出现在图中重要的据点，例如地标物的位置、重要出入口、人潮聚集地或是动线的汇集点等，这些地方都可以用结点符号标示在图上（图83）。

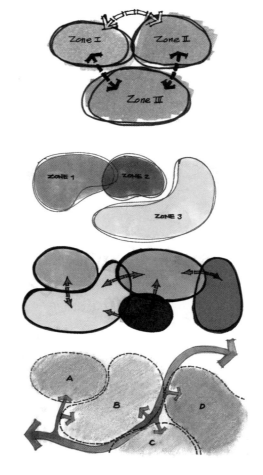

图82 区域型符号以面状的符号说明区域型空间，较常见的画法是以曲线画出不规则的封闭区域，这些区域可以代表不同性质的空间范围。
区域型符号也经常与线状及箭头符号合并使用，用以说明两个空间的互动关系。

图83 图中重要的据点，例如地标物、重要出入口、人潮聚集地或是动线的汇集点等，都可以用结点符号标示。

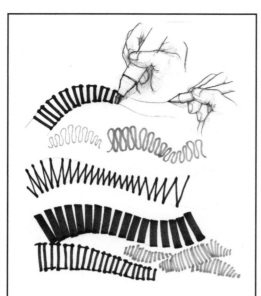

带状符号

这类符号通常用于说明基地内外或周围较大范围的特殊环境因子，如带状屏障物、噪音等。在图上常以锐利的锯齿状符号来表现如噪音等干扰性较强的负面环境因子，而以较柔性的带状符号来代表正面性的环境因子，如屏障物等（图84）。

其他简化的符号

在分析及构想图上，应尽量以简化、抽象的符号来做空间上的说明。除了上述四类符号外，还需要标示出图上的主要元素，这些元素包括：

植栽　在分析构想图中，通常需要标示的植栽为大型乔木、树林或具有特殊意义的植被。通常会以圆形代表树冠，在圆心以点状代表树干位置。树林的表现方式则是许多圆集聚后画出最外圈轮廓线。

设施物及其他景观元素　通常在分析构想图中需要表现的设施物（如建筑物、道路）及其他景观元素（如水域等），应以简化的轮廓线画出其外形，而省略或简化其细部及质感（图85）。

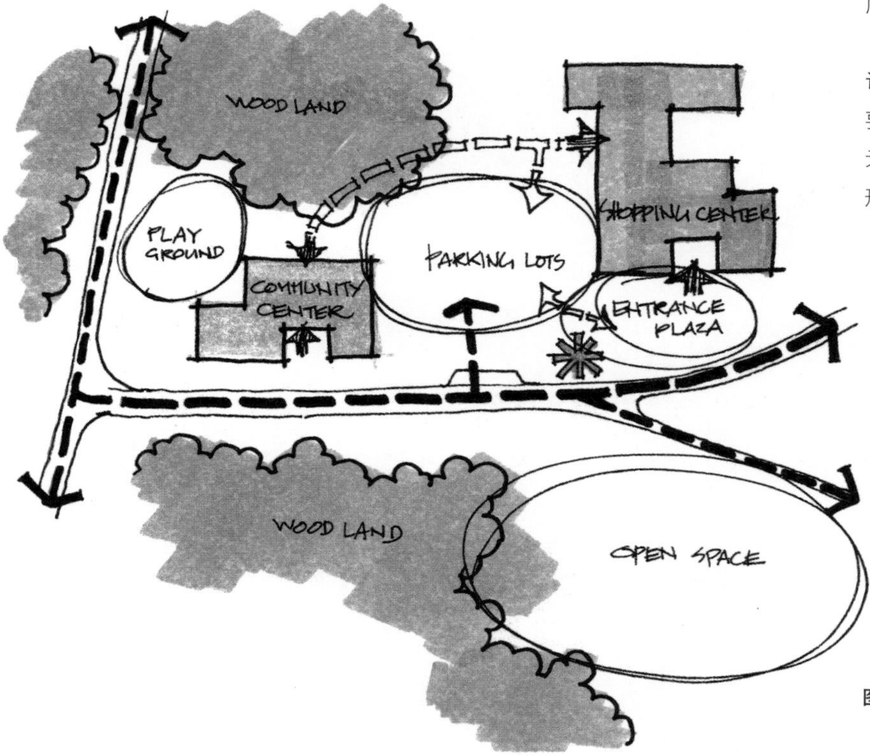

图84　带状符号通常用于说明基地内外或周围较大范围的特殊环境因子。在图上常以锐利的锯齿状符号来表现像噪音等干扰性较强的负面环境因子，而以较柔性的带状符号来代表正面性的环境因子，如带状屏障物等。

WOOD LAND

PLAY GROUND

COMMUNITY CENTER

PARKING LOTS

SHOPPING CENTER

ENTRANCE PLAZA

WOOD LAND

OPEN SPACE

图85　在分析及构想图上，应以简化、抽象的符号作空间上的说明，图中的植被或设施物，都应以简化的轮廓线画出其外形，而省略其细部。

2.5 平面图与配置图

这部分所要讨论的平面图、配置图与前面所讨论的分析构想图的最大差异在于平面图、配置图是以具象的手法将设计元素的平面投影图表现出来，而非抽象简化的图形及符号。

■ 平面图与配置图的定义

平面图与配置图是两种不同意义的水平面投影图，因此我们必须先将平面图及配置图的定义加以说明：

平面图

所谓〝平面图〞是在一个高度上，以水平方向将空间剖开，再将此剖开处以上的部分移除，而将以下部分的所有元素平行投影至空中的一个水平图面上。这个高度一般会被定在1m，因为1m高的横切面通常可以切到建筑物的门、窗等开口及阶梯、墙面等，而不被屋顶或楼板等遮蔽物所遮盖。但在画平面图时应依设计内容来决定此横切面的高度，它必须是一个能够反映出设计内容的高度。有时候，可能同时需要几个不同高度的横切面，才能完整反映出设计内容。最常见的例子是建筑平面图，由于图面上需要表现出各个楼层的配置关系，因此需要将每个楼层从地板以上固定高度切开移除，才能表现出每一楼层平面的配置情况（图**86**）。

配置图

配置图与平面图的最大差别在于它不需移开1m以上的部分，而是将空间全部元素平行投影至空中的水平面上（图**87**）。也就是说，从〝配置图〞上我们可以看到所有元素的顶部，如花架的顶部、树木的树冠等，而从〝平面图〞上看到的则是花架的柱位关系、树干的位置及树下的坐椅等设施（图**88**）。

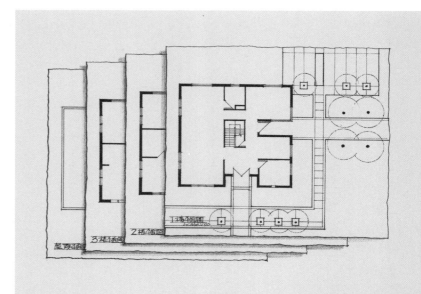

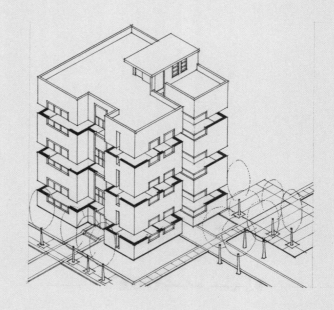

图86 在建筑设计的平面图中，由于设计需要表现出各个楼层的配置关系，因此需要将每个楼层从地板以上固定高处切开移除，才能画出每一楼层平面的配置情况。

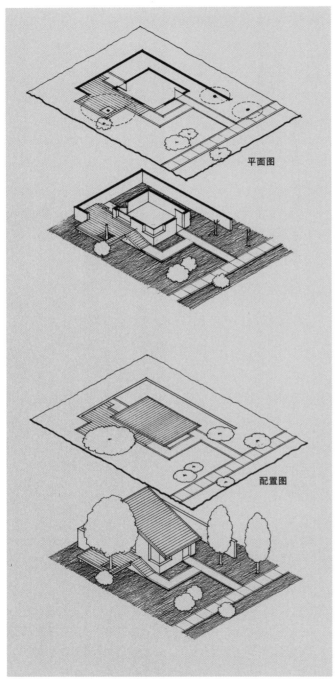

平面图

配置图

图87 平面图与配置图的最大差别在于配置图不需移开1m以上的部分，而是将空间全部元素垂直平行投影至空中的水平面上。

平面配置图

在景观设计领域中，也可以结合平面图及配置图两种图面特质的方式，在一张图上同时表现出不同层次的配置关系，称为"平面配置图"。例如，在一张图上若想表现出树冠范围及树枝的伸展分布，同时也希望表现出树下空间的配置情形，在两者不冲突的情况下，图面可同时结合平面图及配置图的特质来表现（图89）。

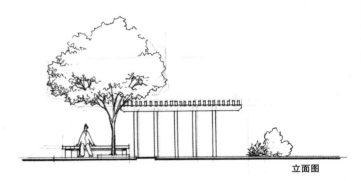

立面图

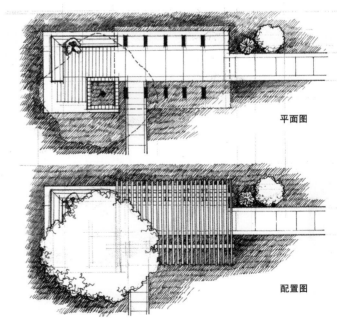

平面图

配置图

图88 从平面图上可看到花架的柱位关系、树干的位置及树下的坐椅等设施；而从配置图上则可以见到所有元素的顶部，如花架的顶部、树木的树冠等。

因此，我们可以说，景观设计绘图在平面或配置图的表现手法上有较充分的自由度，但相对的设计者也需要有足够的判断能力，选择最能凸显设计的表现方式。这三种图面，在以下的章节中会以〝平面配置图〞统称。

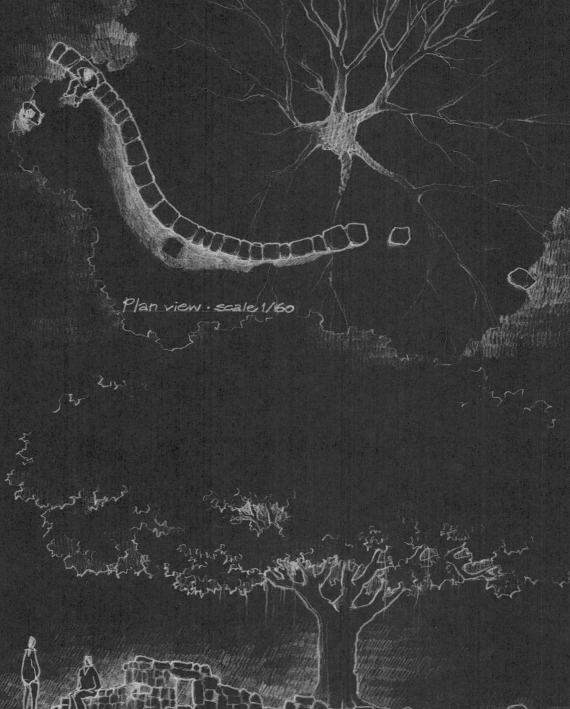

Plan view · scale 1/60

图89 在景观设计领域中，也可以结合平面及配置两种图面特质的方式，在一张图上同时表现出不同层次的配置关系，称为〝平面配置图〞。

Elevation · scale 1/60

■ 平面配置图上的元素

在景观设计领域中，平面配置图上可能出现的元素非常广泛，任何实体景观元素都可包括在内。我们可以将它们分成三大类：

硬体景观元素 包含所有硬体设施、结构物、建筑物与硬铺面等景观元素（图**90**）。

软性景观元素 包含植栽、地形、水景等景观元素（图**91**）。

90 硬体景观元素包含所有硬体设施、结构物、建筑物等景观元素。

91 软性景观元素包含植栽、地形、水景等景观元素。

配景 配景是不包含于设计当中的元素，在图中加入饰景物后能够强化空间的活动机能，并衬托出更生动的图面表现，同时饰景物也具有比例功能，可利用它来让人更容易地了解空间的尺度，例如在图中的道路或停车场中加入车辆，在游戏场中加入活动的人，在露营场地中加上帐篷等都属于饰景物的表现（图**92**）。

■ 平面配置图的表现要领

平面配置图是在二度的平面空间上表现三度的立体空间，因此如何掌握绘图的技巧与要领，将空间的层次感与立体感表现出来是十分重要的。下列三个步骤是表现图面的关键点。

步骤1 以不同粗细、轻重线条表现图面；
步骤2 利用影线（Hatching）（图**69**）、灰阶或色彩来表现面与体的关系；
步骤3 加上阴影。

以下针对每个步骤加以说明：

步骤1 以不同粗细、轻重线条表现图面

在一张平面配置图上，至少应有三至四种不同等级的粗细线条，这些不同粗细的线条不应差距太小不易辨识。以针笔绘图为例，所使用的号数若为0.1、0.2、0.3，其线条粗细差异不明显，则会导致效果不佳。若能改为用0.1、0.3、0.5的针笔来表现，则会有较理想的效果。

线条的粗细、轻重应如何决定呢？我们可将线条分为"特粗线""粗线""中线"及"细线"四种等级。在图中若有较高大的硬体结构物，如建筑物、挡土墙等，其外围轮廓线可以粗线（如0.8）来画；图上大部分的元素，如街道、家具、道路、植栽、植栽槽等设施边缘轮廓线可以中线（如0.5）表现；而图上的质感表现，如植栽的质

感、设施的材质或不同材质的分界线则应以细线
（如0.1）来画（图93）。若是图上需表现被剖开
部分的结构体，如平面图上的门、窗、墙、柱及
树干等，则可以特粗线（如1.0或大于1.0）画其
轮廓，也可将其剖到部分以"涂黑"的方式表现
（图95），或是在特粗线内以其他面状的方式（如
细斜线）来表现。

图上的植栽也可以用上述原则分为大乔木、小乔
木、灌木与地被等，分别以粗、中、细线来画
其轮廓，而以细线画其质感。但是，植栽的表
现方式变化较多，落叶型乔木就不适合以粗线表
现其轮廓线，而应以不同粗细线条来表现其枝干
（图94）。图中乔、灌木主干位置的标示方式，除
了以圆圈画出其横剖面外，也可以"×"或"+"
符号标示其位置。关于植栽的表现手法，我们在
后面章节会有更详尽的说明。

在平面配置图上，除了以不同粗细的线条画出各
种景观元素的轮廓线外，通常结构物、设施物的
外缘收边部分线条需要以"双线"来表现。习惯
上外缘的线条会较粗，内侧线条则以细线来画。
但若是同一平面上的收边材质界定则可用两条很
接近的细线来表现（图96）。

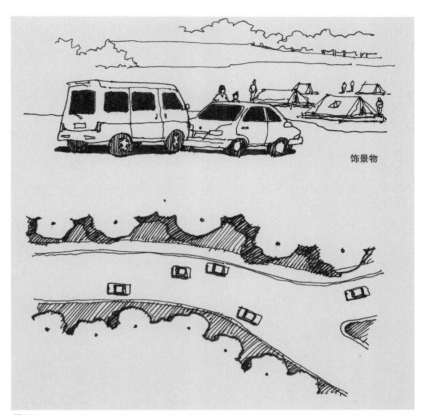

饰景物

图92 配景是不包含于设计当中的元素，在图中加入饰景物后能够强化空间的活动机能，同时也具有比例的功能，可使人了解空间的尺度。

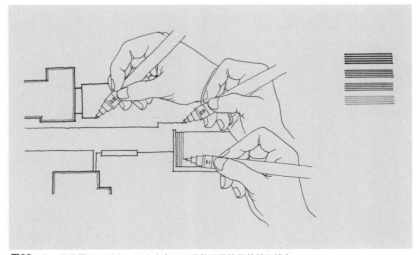

图93 在一张平面配置图上，至少应有三至四种不同等级的粗细线条。

图94 植栽的表现形式：可将
大乔木、灌木与地被等
分别以粗、中、细线来
画轮廓，而以细线画质
感，或以不同粗细线条
表现其枝干。利用质感
的渐层与浓密度可表现
出植栽的明暗效果与立
体感，也可利用笔触的
疏密渐层表现出地形、
边界，强调出面与面之
间的对比性。

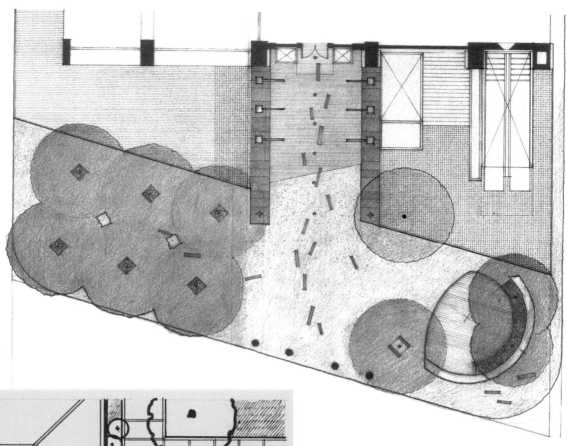

图95 若是图上需表现被剖开部分的结构体，如平面图上的门、窗、墙、柱及树干等，可将其剖到部分以"涂黑"的方式表现。（吴树陆绘）

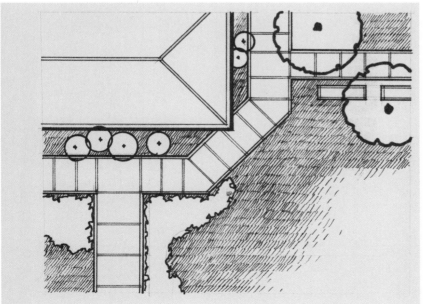

图96 平面配置图上的设施物或硬铺面外缘收边部分的线条，需要以"双线"表现。

步骤2　利用影线、灰阶或色彩来表现面与体的关系

平面配置图除了以不同粗细的线条勾勒出各种硬体、软性景观元素及饰景物外，利用色彩、灰阶或影线表现出明暗及质感，也是图面表现的一大重点。在此，我们将讨论如何在平面配置图上由线条转成面与体的关系，以面及量体的明暗与质感表现出空间感。

界定硬铺面与草坪

这个步骤即使在平面草图的阶段也十分重要。设计师在开始着手进行设计时，会先初步界定出硬体面与绿地的配比与分割关系，因此在这个阶段常会将硬体面留白，绿地涂成面状，以示区分空间性质。

在前面的步骤中，我们将图中所有空间上的元素，包括植栽、设施、硬铺面、地被等，以不同粗细线条构成，但这样仅有线条的图面仍不容易辨识其空间形式，因此若能在图上加入面状质感，可使设计者充分掌握面与体在空间上的关系（图**97**）。

植栽的质感表现

由于平面配置图上所表现的景观元素是具象的平面投影，因此除了外形的轮廓线外，将其质感表现出来也是十分重要的。植栽的质感表现主要可分为常绿、落叶乔木与灌木及地被，图上比例尺越大（如1/50、1/100），则表现出的质感应越为细致。一般而言，在表现植栽的质感时，应掌握两个重点：

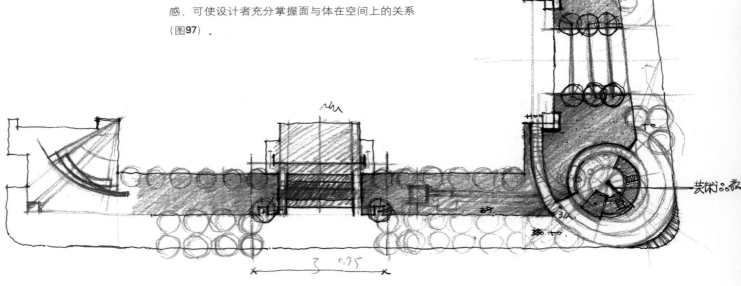

图97 在平面草图的阶段，若能在图中加上简单的面状表现，可使设计者充分掌握空间上面与体的关系。（大凡工程顾问公司提供）

1．乔木及灌木可利用质感的渐层与浓密度，配合光影表现出明暗效果与立体感，例如以明暗质感将平面上的植栽表现出立体的球形或圆锥形。

2．地被植物可利用笔触的疏密渐层表现出地形和边界（图94），靠近结构物或植栽边缘部分的线条可以用较浓密的质感强调出面与面之间的对比性。

硬体材质的表现

平面配置图上的硬体材质表现必须是材质实际尺寸的大小，因此需视图面比例的大小来决定如何表现。并非所有硬体材料的质感一定都会表现在图面上，例如在1/500比例的图上，硬体的单元贴面材质是很难表现的，因此，图上出现的应仅为不同材料间的界面线、材料所组成的图案等，或为明暗、色彩及抽象的面状质感表现（如条纹、网点等方式，图98），而在1/200、1/100等放大比例的图中，则可依尺度大小而适度地将硬体材质的质感表现出来，如面砖的分割线、各种不同型式的石片贴面等（图99）。这些贴面材质及图案分割线的表现都必须以最细的线条来画，或者也可考虑以铅笔或灰色墨水的细笔来画。

彩色图面也可以利用与铺面同色系的彩色铅笔来表现。这些线条无论是以什么方式表现，都不宜比设施物的轮廓线还粗。绘图者可运用这些线条，以具象或抽象手法表现出〝面〞的效果（图100）。无论图面上表现的是植栽的质感还是硬体设施的材质，绘图者都需要依整体图面的效果来考虑，而不应只注重于局部质感的表现，或者过度表现质感，却忽略整体图面的对比层次感（图101）。若能在图中适度〝留白〞，则更能强化对比效果（图102）。

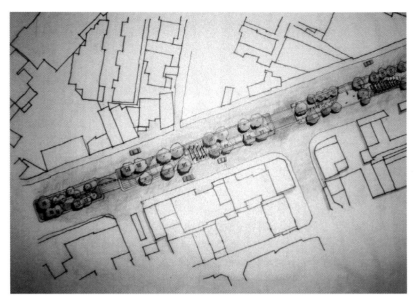

图98　在1/500比例的平面配置图上所表现的，应仅为不同材料间的界面线、材料所组成的图案等，或为明暗、色彩及抽象的面状表现。（原图比例为1/500，联宜工程顾问公司提供）

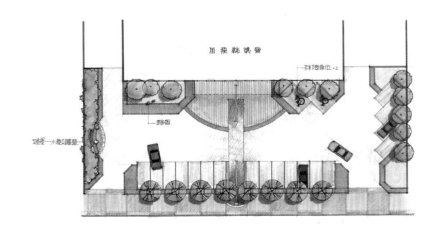

图99　在1/200比例的平面配置图中，可依尺度大小而适度地将硬体材质的质感表现出来，如各种不同型式的表面材料。（原图比例为1/200，家园工程顾问公司提供）

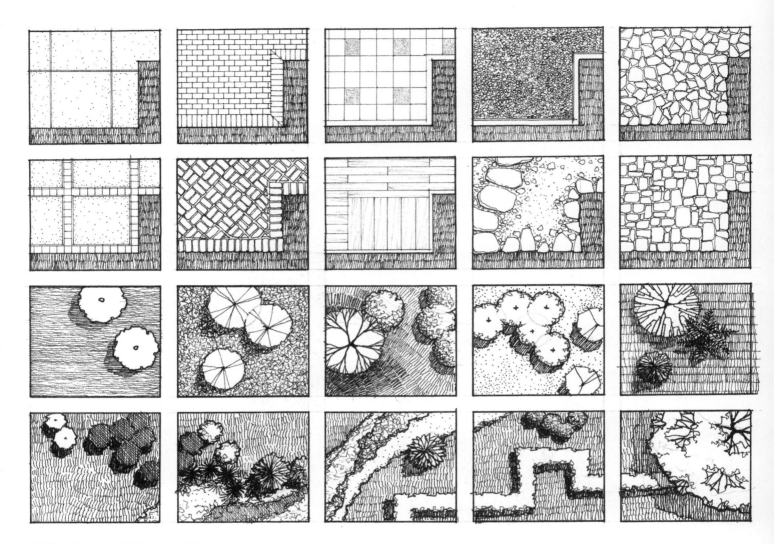

图100 平面配置图上的植被与硬体材质的表现。

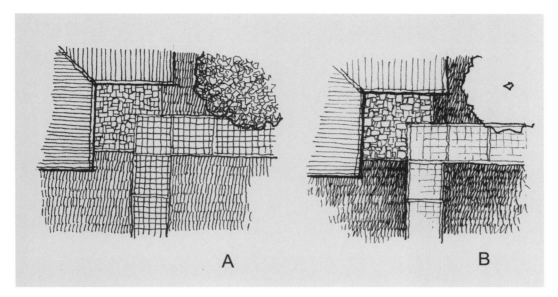

图101 A 过度表现质感，却忽略整体图面的对比层次感。B 依整体图面的效果考虑作质感表现。

ELEVATION OF A GROVE DEC. 3, 1993

图102 若能在图中适度留白，则更能强化对比效果。（吴树陆绘）

步骤3 加上阴影

要画出一张理想的平面配置图，除了上述两个步骤外，阴影的表现也有画龙点睛的效果，也是使平面的图面呈现出立体效果的必要步骤（图103）。

什么是阴影？

阴影指的是物体的阴暗面及其影子，而物体的阴暗面与亮面的对比可通过前面所提到的质感表现出来，影子则会出现在物体的阴暗面同侧（图104）。

如何决定影子的方向？

在画影子前必须先定好光源的方向。早晨的东方日出、黄昏的西边落日，春夏秋冬太阳轨道的差异，在平面上这些由不同方向的日照所形成的角度称为"方位角"（图105）。因此，要画平面配置图上的阴影时，需配合图上的"指北针"，依太阳移动的轨道，视设计活动空间的需求而表现出某时段（通常为上午或下午）的阴影。这是因为图上的阴影除了能够表现出物体及空间立体感之外，同时也与场所活动有关，例如由图106中可见到停车场被建筑物阴影遮盖的情形。

如何决定影子的长度？

前面提到了如何决定影子的方向，那么影子的长度又该如何决定呢？它是由照射光线的高度与地面所形成的角度，即"高度角"与物体高度决定的。光源的照射角度越垂直于地平面时，也就是越接近正午时分，影子会越短；反之，若光源的照射角度越接近水平线时，如清晨或黄昏，影子则越长（图108）。

在景观设计图中的阴影表现，通常将光源设定为太阳光，光线会以平行方向照射物体，称之为"平行光源"。因此，图中会分别以统一角度的方位角及高度角来求出阴影的长度。

通常在平面配置图上表现阴影时，影子的长度及方向会依物体的高度并配合图上的"指北针"而决定。图中所有影子的长度都会依一定的长度比例来表现出物体的相对高度。例如图上有高15m的地标物、高约9m的树与高4m的建筑物，虽然在平面图上看不出物体的高度信息，但是我们可由影子的长度判断出树高约为建筑的高度两倍多这一信息（图109）。此外，也可通过阴影的表现，判断出图上的斜坡、阶梯或平地等不同的高程变化（图110）。

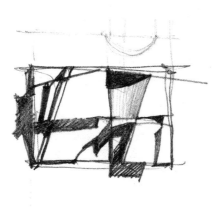
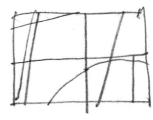

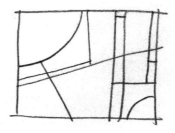

图103 阴影的表现可使平面图呈现出立体效果。

图104 阴影是指物体的阴暗面及其影子，影子会出现在物体的阴暗面同一侧。

阴影的表现手法

图面上物体的阴面与亮面可用质感的疏密度及色彩明暗来表现，而影子也应从整体图面来考虑如何表现。有几种较常见的表现手法（图107）：

1. 以柔和的灰阶效果表现影子，靠近物体部分较深，离物体越远则灰阶越淡。
建议使用材料：软质笔芯的铅笔、彩色铅笔、水彩。

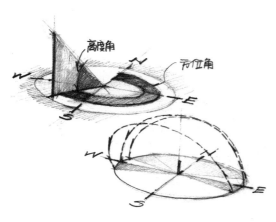

图105 在平面上这些由不同方向日照所形成的角度称为"方位角"。影子的长度是由立面上照射光线的高度与地面所形成的角度，即"高度角"与物体高度所决定的。

2. 以较明显的线条笔触画出渐层效果表现影子。
建议使用材料：铅笔、彩色铅笔、针笔、代针笔、签字笔、钢笔。

3. 先以细线画出影子的轮廓线，再以同角度的细线表现出面状影子。
建议使用材料：铅笔、彩色铅笔、针笔、代针笔、细签字笔、钢笔。

4. 利用灰色系或黑色麦克笔的不同粗细，快速画出不同长短的影子。
建议使用材料：灰色系、黑色麦克笔。

在同一张图上，应选择同一形式的阴影表现手法。图上阴影表现得越强烈，图面的立体感就越强。例如以黑色表现影子的方式可十分明显地将空间的立体效果突显出来，但相对地，图上被影子遮盖的部分则无法辨识。因此，这种方式较不适用于大面积阴影的表现，或放大比例（如Scale：1/100）的平面配置图（图111）。此外，若能配合加入物体本身的明暗质感，则效果更佳；但在平面图上表现阴影时，仍应依整体图面或所要表现的空间效果来考虑。

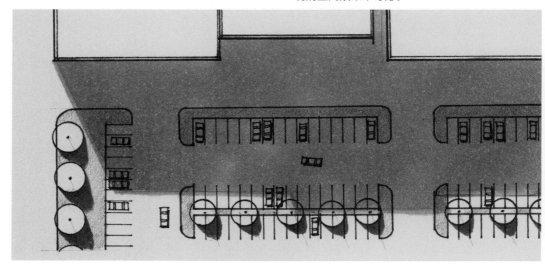

图106 平面配置图上的阴影表现与场所的活动有关系，应配合设计中活动空间的需求而表现。

1.

2.

3.

4.

图107 几种较常见的阴影表现手法

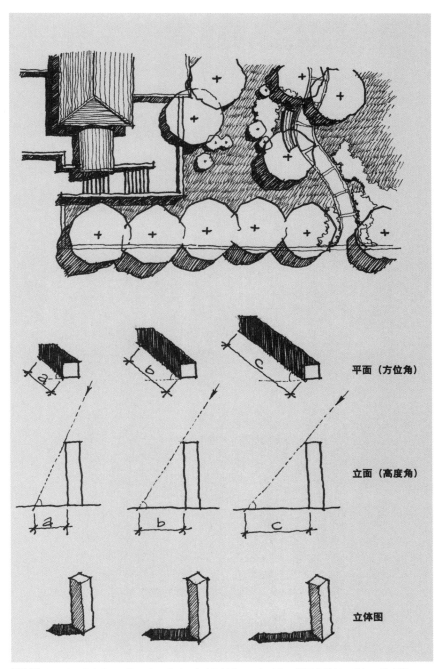

图108 光源的照射角度越垂直于地平面时，也就是越接近正午时分，影子会越短；反之，若光源的照射角度越接近水平线时，如清晨或黄昏，影子则越长。

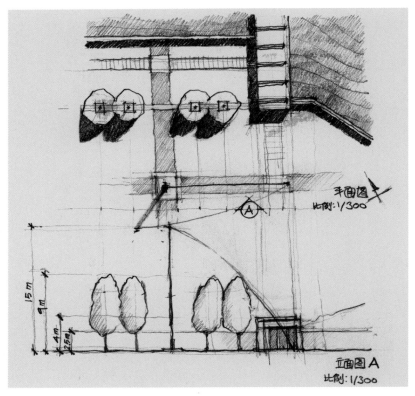

图109 在平面图上影子的长度会依一定的长度比例来表现出物
体的相对高度信息。
平面图上应有与立面图对应的「箭头符号」，以表示立
面图所表现的位置与方向。

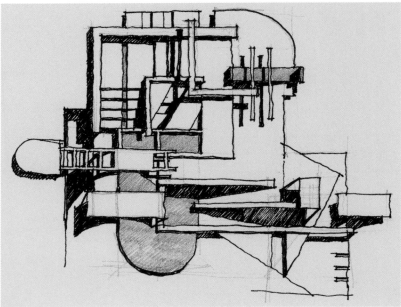

图110 由平面图上的阴影表现可判断出斜坡、阶梯或平地等不同
的高程变化。

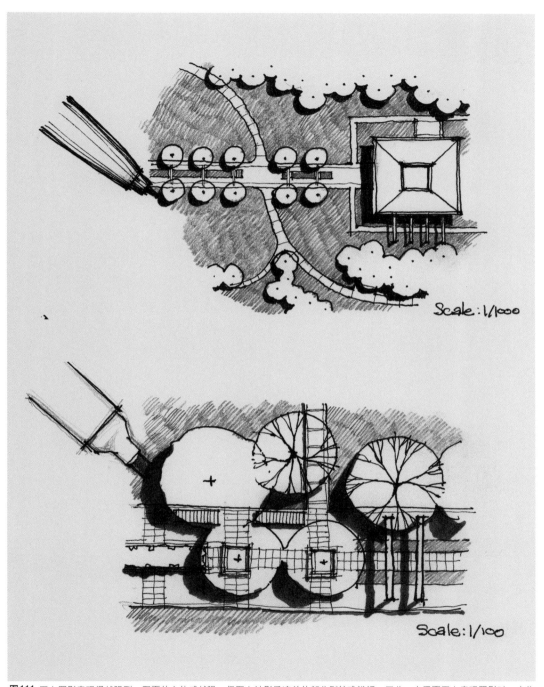

Scale: 1/1000

Scale: 1/100

图111 图上阴影表现得越强烈，图面的立体感越强，但图上被影子遮盖的部分则较难辨识。因此，在平面图上表现阴影时，应依图面的比例或所要表现的整体效果来考虑。

由图112～117我们可以看到表现一张平面配置图的发展过程：如何从单一粗细线条组成的图中分出线的等级，再分别以黑白及彩色不同表现方式加以质感，将线条转成面与体的关系。最后，个别部分加上阴影表现，完成图面。

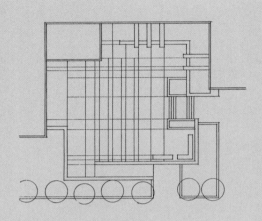

图112 单一粗细线条的平面配置图。

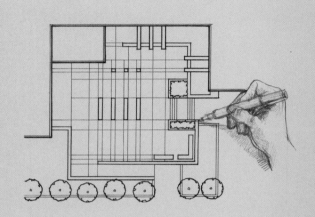

图113 分出线的等级。

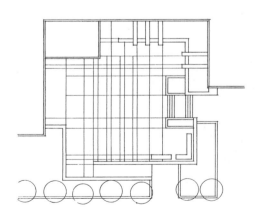

同**图112** 单一粗细线条的平面配置图。

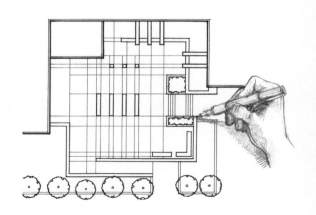

同**图113** 分出线的等级。

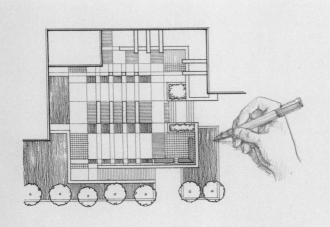

图114 以墨线方式表现质感，将线条转成面与体的关系。

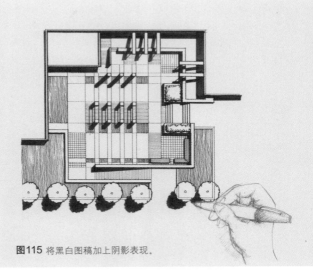

图115 将黑白图稿加上阴影表现。

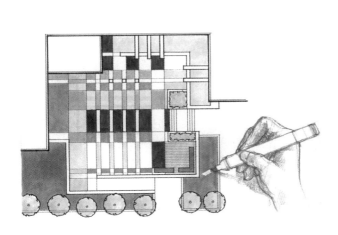

图116 以上彩方式表现质感，将线条转成面与体的关系。

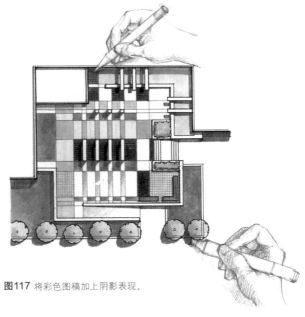

图117 将彩色图稿加上阴影表现。

图118 空间尺度较大（即缩小比例）的图面，无论是软、硬体元素都会以较单纯的轮廓来表现。这个阶段的图面所要表达的主要是整体空间的分区架构、动线系统等信息。（原图比例为1/1000，大凡工程顾问公司提供）

■ 不同比例的平面配置图

在上述几种表现要领及参考范例的指引下，我们大致了解了如何以较专业的手法画出平面配置图。但是，在不同尺度的空间，当我们以不同的比例表现图面时，会有所差异。也就是说，以不同比例画同一个空间时，所要表现的层级是不同的，否则放大、缩小比例就没有意义了。例如图204即为图118修正设计后的分区平面图。

简单来说，空间尺度较大的图面（例如Scale：1/1000），无论是软、硬体元素都会以较单纯的轮廓来表现。这个阶段的图面所要表达的信息主要是整体空间的分区架构、动线系统等（图118）。相对而言，放大比例的图面（例如Scale：1/100、1/200）则会强调空间的细部处理及质感表现（图119）。

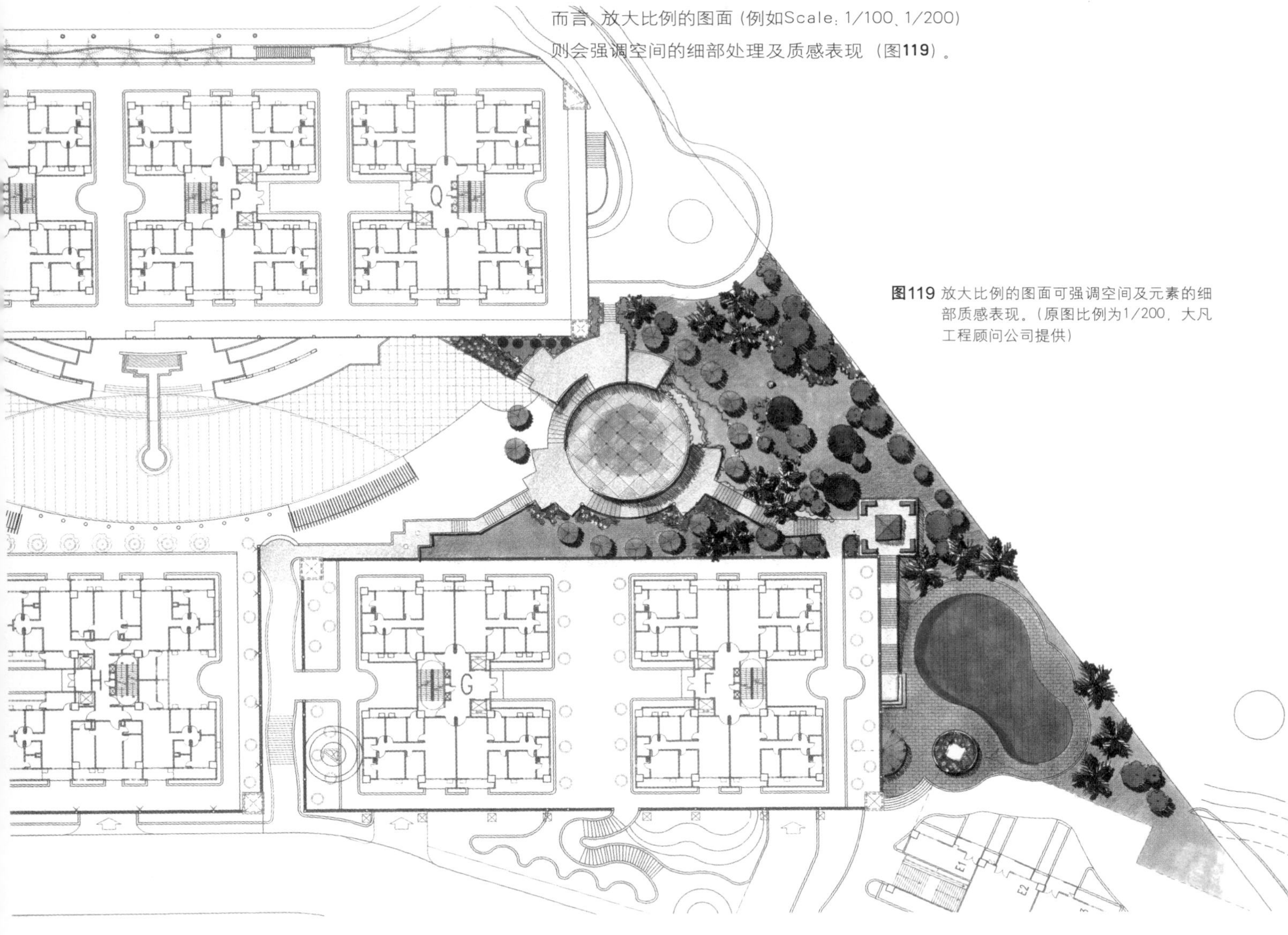

图119 放大比例的图面可强调空间及元素的细部质感表现。（原图比例为1/200，大凡工程顾问公司提供）

85

■ 平面配置图上的相关信息

当我们绘制平面配置图时，在图上还有一些信息和平面图、配置图有着十分密切的关系，不能被忽略掉。

图框及图头

一套系统的设计图上，包括平面配置图及所有图说，应当有统一的图框或图头。

图框及图头的设计一般有两种方式：一、依个别案例的设计内容及作品特色而设计的图框或图头；二、统一制式和形式的图框或图头。

当整套图说有统一制式的图框时，则需依图框上的要求填入日期、工程名称、图号、图名、比例尺、绘图者及设计者姓名等相关信息（图121）。

图名及比例尺

在每个图面完成后，都必须在图面的下方标示图名，例如总配置图、全区配置图、分区配置图等。除了图名之外，比例尺也是平面配置图上重要的信息之一。同样地，我们应将比例以文字或图例的方式标示在图的下方（关于比例尺的图例标注方式请参阅 "1.5 比例概念"）。

指北

平面配置图上必须有一个指向图面北方的图例符号，称为 "指北"，用以说明设计图的方位朝向（图120），指北的形式可以自由设计。习惯上我们会将指北朝向图的正上方，若受限于纸张及基地形状无法将指北朝向图的正上方时，也应尽量安排指向左上或右上方的方向。在整套设计图中，全区及各个分区平面配置图应尽可能以一致的 "指北" 方向标示。

图例及文字说明

图例是指在图中有一些重复出现的图形或符号需加注以文字说明，绘图者可在图上角落空白处整理一个图文对照表，称为 "图例"（图72,73）。

举例来说，设计者在图上将现有的与新植的植栽以不同符号表现，他不需在每棵植栽上逐一注解，只需统一在图例中注明即可。此外，图中任何元素在设计图上的种类或形式规格说明（如植栽、铺面、灯具等），都可用图例的方式标注。设计图上是否需加注图例，需视设计内容及图上的元素及符号的重复性而定，一般重复性不高的元素可直接以指线方式标明。

图说上的文字说明若仅是针对部分图说，则应标注在靠近图面位置；若属于整张图面的注解，则应在图上明显空白处作文字说明；而若为整套图说的注解，则应放于首页。

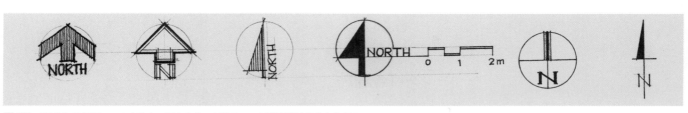

图120 "指北" 是平面配置图上指向图面北方的图例符号，用以说明设计图的方位朝向。

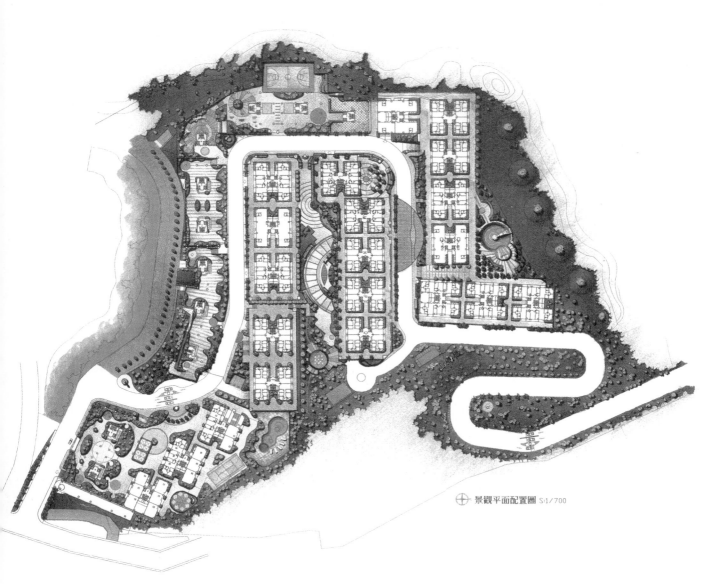

THE
FABRICANT'S
AND
DESIGNING
GROUP

大凡工程顧問公司
台北市南京東路二段53號9樓
TEL 02 2536 5136
FAX 02 2581 5431
E-mail: tom2@ms17.hinet.net

工 程 名 稱 PROJECT

東雲建設

基隆新建住宅
中庭及週邊
景觀工程案

圖 名 DRAWING TITLE

景觀平面配置圖

附 註 REMARKS

繪 圖 DRAWN   核 准 APPROVED

設 計 DESIGNED   比 例 SCALE
                  1/700

核 對 CHECKED   日 期 DATE

PROJECT NO.

圖 號 DRAWING NO.

A8-1.1

圖 號 SHEET NO.
1/000

⊕ 景觀平面配置圖 S:1/700

图121 当整套图说是以统一制式的图框绘制时，则需依图框上的要求，填入日期、工程名称、图号、图名、比例尺、指北及绘图者、设计者姓名等相关信息。（大凡工程顾问公司提供）

2.6 剖面、立面与剖立面图

剖面图和立面图的概念与平面配置图相同，都是正投影图法的延伸。若将配置图视为三视图中的顶视图，立面图则是前（后）及左（右）视图（图122）。

图122 若将配置图视为三视图中的顶视图，立面图则是左（右）视图或前（后）视图。

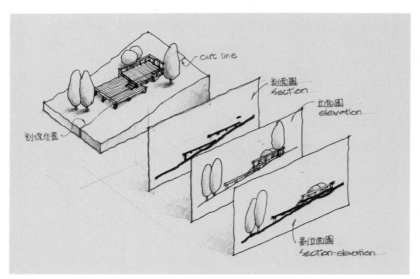

图123 ˝剖面图˝只表现出空间被纵切到的元素；˝立面图˝则表现出地面上所有元素的投影图；˝剖立面图˝是将上述剖面及立面图合二为一。

■ 剖面、立面与剖立面图的定义

˝剖面图˝、˝立面图˝及˝剖立面图˝这三种图的基本原理都是将空间上所有元素的点、线、面正投影至一个与地面垂直的平面上。它们之间的差异在于，˝剖面图˝所需表现在图上的只限于空间被纵切部分的元素，而通常此纵切面会包含变化的地形或硬体结构物等；˝立面图˝所切到的面一般不会有结构体，而图上仅表现出地面上元素的投影图；˝剖立面图˝则结合上述两种图合二为一（图123）。

这三种图各有不同的特性：剖面图能让人很清楚地从图中看出剖到部分的地形、结构及上下层次空间或材料的相互关系，画剖面图时只需表现剖到部分的一个˝面˝的上下层次关系，因此表现空间前后层次感并非其重点，一般常被用来画施工图；立面图较适合用于说明景观元素在立面上所呈现的外形；剖立面图则结合上述两种图的特性，图面也较为生动，因此常被用在设计图上，说明空间上下、前后的层次互动关系，但同时也需要运用一些绘图技巧，才能将空间复杂元素关系的层次感表现出来（图124）。

由于剖立面图可在设计上辅助平面配置图来说明各种空间在高低变化上的信息，因此应视设计内容及空间特性来决定空间上的哪些位置需以剖面图、立面图或剖立面图来表现；若要表现出空间的上下层次关系或是地形变化的部分，则应以剖面图来表现较为恰当；而当空间特性是需要表现其立面造型或高低量体间所形成的空间关系时，则适合以立面图表现；当所需表现的空间同时结合上述两种特性时，则以剖立面图来表现（图125）。

以下部分除了特别标明之外，我们将这三种图面统称为˝剖立面图˝。

BOSQUE 400×400

SCALE 1:60

图124 立面图及剖立面图常被运用在设计图上，说明空间上下、前后的层次互动关系，但同时也需要运用一些绘图技巧，才能将空间复杂元素关系的层次感表现出来。（原图比例为1/60，吴树陆绘）

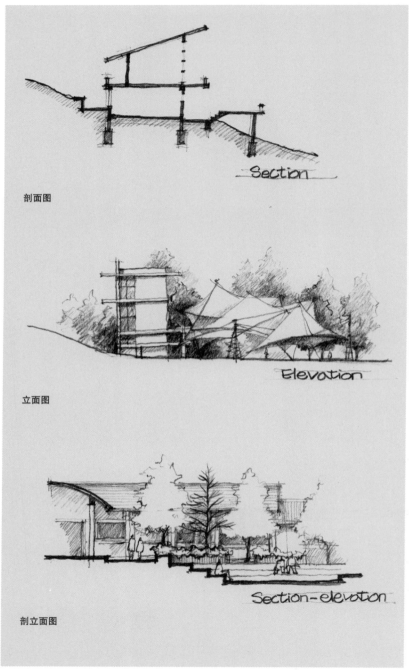

剖面图

立面图

剖立面图

图125 绘图时应视设计内容及空间特性，选择以剖面图(Section)、立面图(Elevation)或剖立面图(Section-elevation)表现。

■ 剖立面图上的元素

剖立面图上的元素对应着平面配置图上的元素，因此所有平面配置图上的软性、硬体景观元素及饰景物都会出现在剖立面图上。绘图者必须以具象的手法，用正确的比例将这些元素的立面投影的形体与质感表现出来（图128）。软性景观元素应以徒手线来画；硬体景观元素则以徒手线或工具线来画皆可。饰景物在立面图上所扮演的角色十分重要，以图中的人物为例，立面图上的人会表现出静态及动态的不同姿势，如站立、坐、跑步或攀爬等，更能够强调出空间的活动机能（图126,127）。此外，在立面图上加入饰景物也同时具有对于空间尺度的说明功能，例如我们可以由图上车辆的大小、人物的身高来判断空间尺度的大小（图129）。

■ 如何画剖立面图

当设计者决定以剖面图、立面图或剖立面图来表现时，需在平面图上加入"剖线"及"箭头方向"。剖线是指所要表现的剖面或剖立面图在空间上被剖开的部位，通常是一条直线，但是在某些特殊状况下，也可能因设计上的需要而出现有部分转折的剖线（图130）。若是以立面图来表现，则在平面图上也应有与立面图对应的"箭头符号"，来表示立面图所表现的位置与方向（图109）。

在图面的安排方面，将平面图与剖立面图以上下位置同比例对应排列，是最容易让人了解空间关系的表现方式。这样的方式对于绘图者而言，也是比较简易的画剖立面图的方式（图131）。先将平面图上与剖线相交的点以轻线垂直画到对应的剖面图上，但必须是剖面图上的水平线与剖线相互平行的状态下（图132）。若剖线在平面图上所交汇的线条是等高线，也同样从这些交汇点画垂直线至剖面图上，与剖面图上各高程的水平线相交，再连接点画出地形。画立面图时，可以将平面图上的"箭头符号"左右两侧以辅助线延伸，再将箭头所指方向的所有元素垂直轻拉至此线

图126 立面图上的人可表现出静态及动态的不同姿势，能够强调出空间的活动机能。

图127 各种车辆的立面。

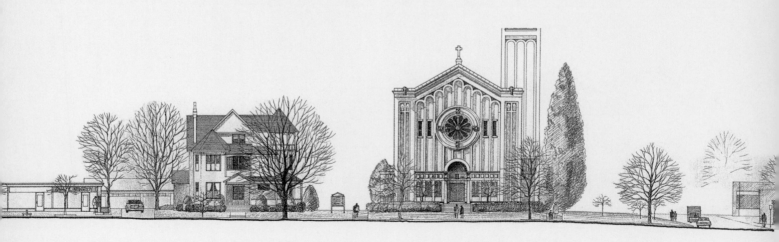

图128 用正确的比例、以具象的手法表现剖立面图上元素的立面投影。（麻州Amerst Morth Pleasant st.两侧街景立面，吴树陆绘）

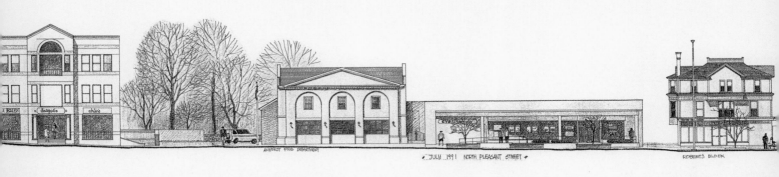

AMHERST FIRE DEPARTMENT

• JULY 1991 NORTH PLEASANT STREET •

ROBERTS BLOCK

上，再将线上的交点画至立面图上，加上景物高度画出立面图（图109）。而剖立面图也可以利用相同的方法来处理。

当剖立面图的比例与平面配置图的比例不同时，则需将剖线部分及箭头方向的元素先依比例放大或缩小，而后再画剖立面图。

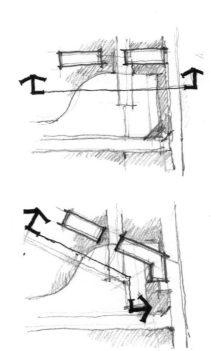

图130 "剖线"是指所要表现的剖立面图在空间上被剖开的部位，通常是一条直线，但是依设计上的需要，也可能有转折。

图129 通过车辆的大小和人的身高可在图上判断空间尺度的大小。

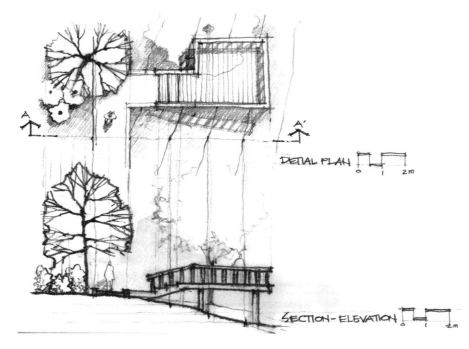

DETAIL PLAN ⊔ 0 1 2m

SECTION-ELEVATION ⊔ 0 1 2m

图131 将平面图与剖立面图以上下位置同比例尺对应排列，是最容易让人了解空间关系的表现方式。

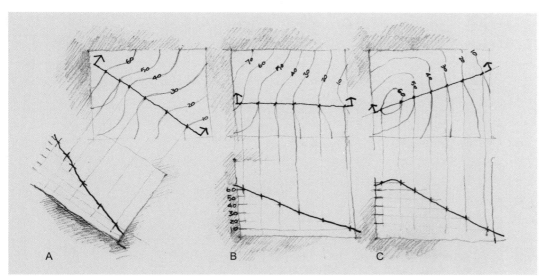

图132 剖线在平面图上所交汇的线条若是等高线，必须从交汇点画垂直线至剖面图上正确高度的位置点，再连接点画出地形，但必须是剖面图上的水平线与剖线相互平行的状态下。图中A与B为正确的画法，C为错误的画法。

■ 剖立面图的表现要领

剖立面图是以正投影的方式将空间上的元素表现在垂直平面上，图上的任何元素都不会因距离远近或前后差距而改变其大小。因此，如何利用绘图技巧来表现出空间的深度与层次感，则是我们下面要讨论的另一个课题。

剖立面图的表现要领与平面配置图相同，可依照下列三个步骤来表现：

步骤1 以不同粗细、轻重的线条表现图面；
步骤2 利用影线、灰阶或色彩表现面与体的关系；
步骤3 加上阴影。

以下针对每个步骤加以说明：

步骤1 以不同粗细、轻重线条表现图面

剖立面图上的线条粗细可分为三至四种等级：特粗线、粗线、中线及细线（图133）。

特粗线用来表现在剖面图及剖立面图中被剖到部分的景观元素，在立面图中地坪的部分也可以特粗线来加强图面的效果，其粗细为1～2mm。粗线为0.5～0.8mm，主要用于表现剖立面图或立面图上前景元素的轮廓线及大样剖面图（如施工图上剖到部分）的轮廓线，有时也会与特粗线一起以双线的方式表现，有强化剖线的效果。但是，图上若只分三种粗细线条，粗线则可以用中线代替。中线为0.3～0.5mm，用来表现图中大部分景观元素及饰景物的外框、轮廓线或者不同材质的界面等。细线约为0.1mm，主要用于面材及质感的表现。

若是以铅笔表现图面，则应使用不同软硬度的笔芯，以轻重线条及质感表现出画面的层次感（图134）。

步骤2 利用影线、灰阶或色彩表现面与体的关系

在剖立面图上加入面的表现，主要是将图上线与线的关系转成面与面的关系，而通过面的明暗、质感来表现各个量体间所形成的空间关系（图135）。

植栽的质感表现

立面图上的植栽主要必须先以辅助线画出轮廓线；其主干位置及冠径大小都必须与平面配置图上的位置及大小相同，而其质感也应尽量以与平面配置图上相同的笔触表现（图136）。先以辅助线勾勒出植栽立面的外形，再以不同粗细的线条表现其枝干（用以表现落叶树）或表现植栽的形体和质感（用以表现常绿树）（图137）。绘图者应依各种植栽的特色来加以表现（图138，139）。

当所要画的植栽为群聚的树林、灌木丛或地被时，可依平面配置图上这些植栽的分布范围来画立面图上的植栽（图140）。

硬体材质的表现

立面图上硬体材质的质感表现方式会因不同的比例而有所差异，例如当立面图是以1/200的比例来画时，图上的部分硬体材质可能会因为太过细小而不容易依实际尺寸表现在立面图上（例如30cm以下的单元面材）。因此，这个阶段的图面可以用抽象的质感、明暗表现出面与面之间的关系；而1/100或1/50等放大比例的图面则应依材质的实际大小表现在立面图上（图141，142）。

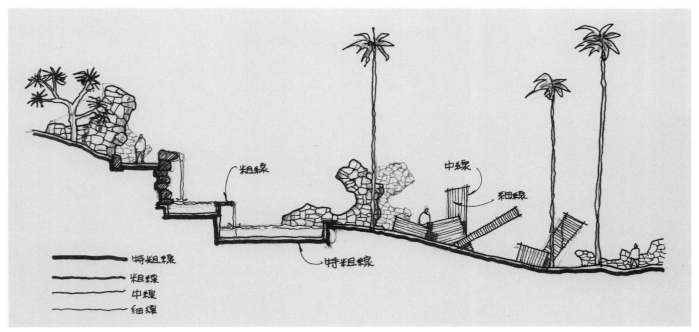

图133 剖立面图上的线条应有三至四种粗细等级。

图134 以铅笔表现剖立面图时应以不同轻重的线条及质感表现出画面的层次感。

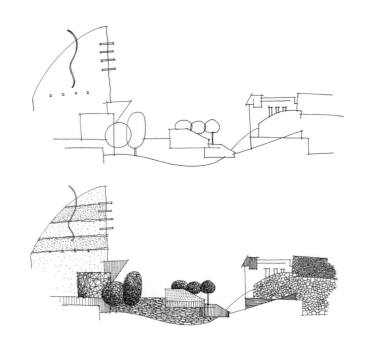

图135 在剖立面图上加入影线、质感或色彩的表现，主要是将图上线与线的关系转成面与面的关系，表现出量体间的空间关系。

图136 立面的植栽，其主干位置及冠径大小都必须与平面图上的位置及大小相同，而其质感也应尽量以与配置图上相同的笔触表现。

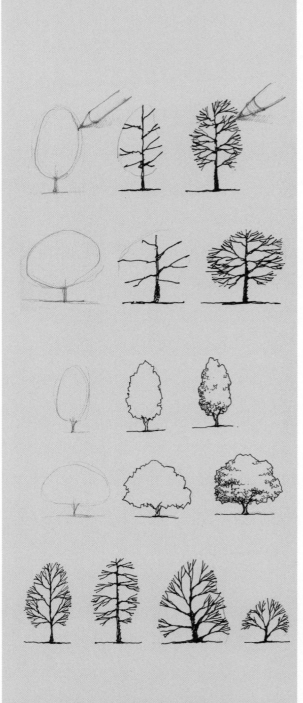

图137 先以辅助线画出植栽立面的外形轮廓线，再以不同粗细的线条表现其枝干或植栽的形体和质感。

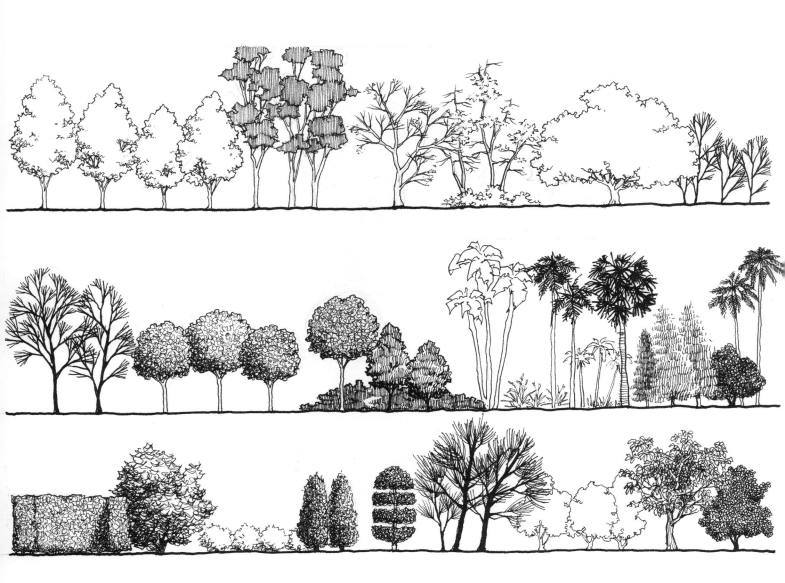

图138 植栽立面(针笔表现)

图139 植栽立面（水彩表现）

当立面图上需要表现出转折或是曲面时，也可以利用这些面状质感或以细垂直线的疏密渐层，使转折面或曲面效果呈现在立面图上（图143）。

步骤3　加上阴影

与平面配置图相同，若能在立面图上加入阴影的表现，可加强图上体量间的层次感，展现出空间的聚合与张力。因此，除了前面所提的两个步骤外，最后一个重点就是在图上加入阴影（图144）。

当我们以质感来呈现面的效果时，可同时以线的轻重及质感的疏密来表现出物体本身的明暗对比效果，而影子部分则应配合物体的明暗，选择以不同的笔触表现。

将所要表现的量体的高度以平面图上光源的"方位角"对应立面图上光源的"高度角"来决定影子的长度及形状。

立面图上的阴影表现，除了能突显景观元素间的前后层次感外，对于物体本身的凹凸变化（如墙上的勾缝或开口等），也需通过阴影的表现来强化其立体效果（图145）。

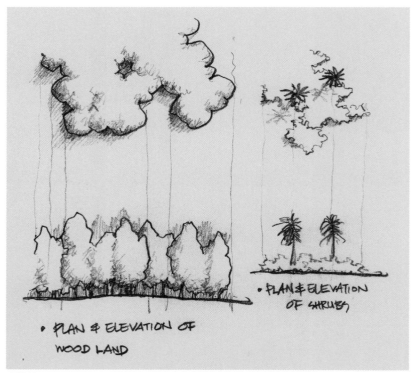

图140 立面图上的群聚植栽，可依平面配置图上植栽的分布范围来画。

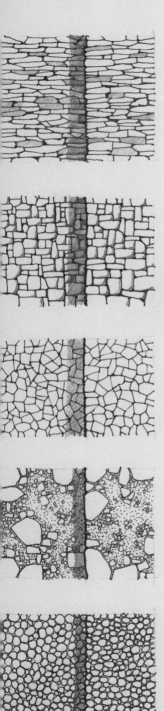

SCALE:1/30

图142 东海景观系中庭立面图
（原图比例1/30，庄士莹绘）

图141 石材表现

图143 当立面图上需要表现出转折或是曲面时，也可以利用这些面状的明暗质感或以细垂直线的疏密渐层表现，呈现出立面上的转折面或曲面。

PLAN VIEW

ELEVATION

GL

图144 在立面图上加入阴影的
表现可使图上量体间的
层次感表现出来，展现
出空间的聚合与张力。

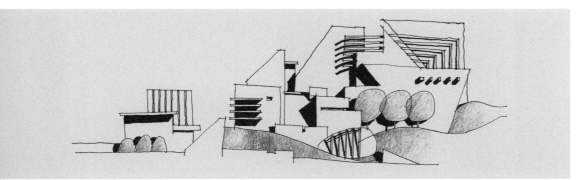

图145 立面图上的阴影表现除了
能突显景观元素间的前后
层次感外，对于景观元素
本身的凹凸变化，也需通
过阴影的表现来强化其立
体的效果。

下面我们以立体图、平面图与立面图来说明几种常见
立面造型的关系所产生的不同阴影效果。包括：

1．前后层次关系的阴影（图**146**）
2．物体与其悬出物的阴影关系（图**147**）
3．物体本身凹陷部分的阴影（图**148**）

在图**149～152**中，我们可以看到立面图的表现过程以及
如何从单一粗细线条组成的图面中分出线的等级，再
以质感的表现，将线条转成面与体的关系，最后加上
阴影，进一步加强图面的层次感。

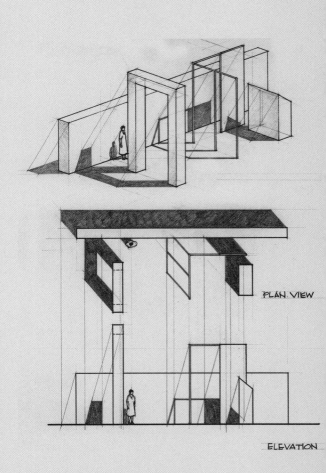

PLAN VIEW

ELEVATION

图**146** 前后层次关系的阴影

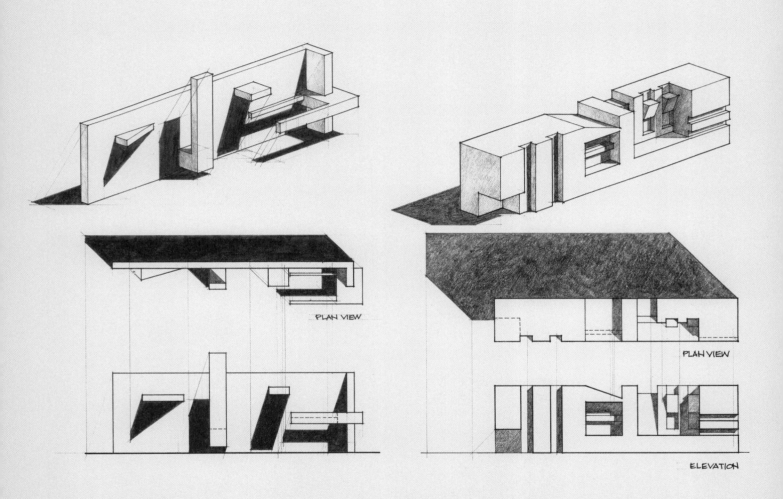

PLAN VIEW

PLAN VIEW

ELEVATION

图147 物体与其悬出物的阴影关系　　　　　　　　　　　**图148** 物体本身凹陷部分的阴影

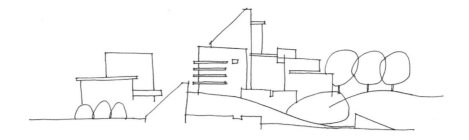

图149 单一粗细线条组成的立面图。

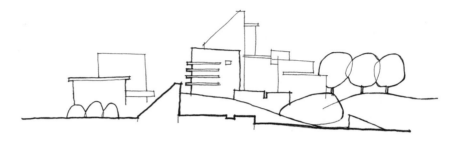

图150 分出线的粗细等级。

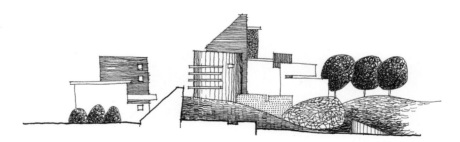

图151 加入质感的表现，将线条转成面与体的关系。

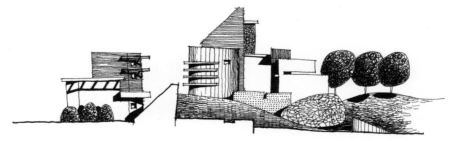

图152 加上阴影，强化图面的层次感。

■ 剖立面图上的相关信息

图名、剖线符号及比例

每一个剖面、立面或剖立面图都应有其对应在平面配置图上的剖线符号或立面符号。

在平面设计的阶段，会以由大逐渐缩小范围的不同比例进行平面设计。剖立面设计也一样，在不同阶段须以不同比例来表现图面，这些剖立面图的剖线符号，也会依比例层级，分别在总配置图或分区的配置图上标明，并且需依序以数字或英文字母编排顺序，而其中以英文字母顺序编排较为普遍。在平面配置图上的剖线会在线的

两端加上垂直于剖线的箭头代表视线方向，英文字母则标于两端箭头旁边位置。剖线应以加粗的链线或虚线来画，使之较为明显，但为了避免与平面配置图上的线条相互干扰，通常只在剖线的两端加粗。在各个剖立面图的下方，也必须分别标示出与剖线上相同字母顺序的图名及其比例（图153）。

剖立面图上的文字说明

在剖立面图上的文字说明，例如空间机能、活动特性等，可利用尺寸标注的尺寸线，将所要说明的部分分段标示，并在线上加入文字注解。也可用指线加上文字注解的方式说明（图154,155）。

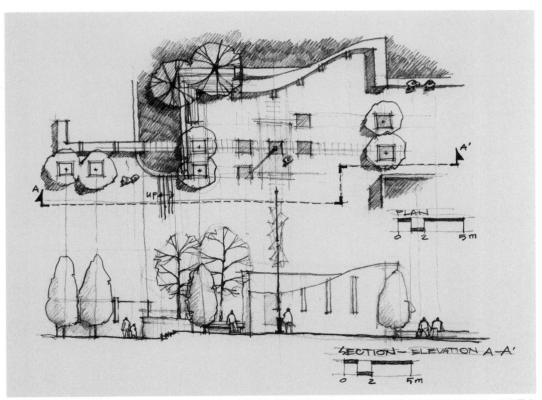

图153 在平面配置图上的剖线会在线的两端加上垂直于剖线的箭头代表视线方向，英文字母则标于两端箭头旁边位置。在剖面或剖立面图的下方，也必须标示出与剖线上相同字母顺序的图名及比例。

图154 剖立面图上,可将所要说明的部分利用尺寸线的方式分段标示,作文字说明。

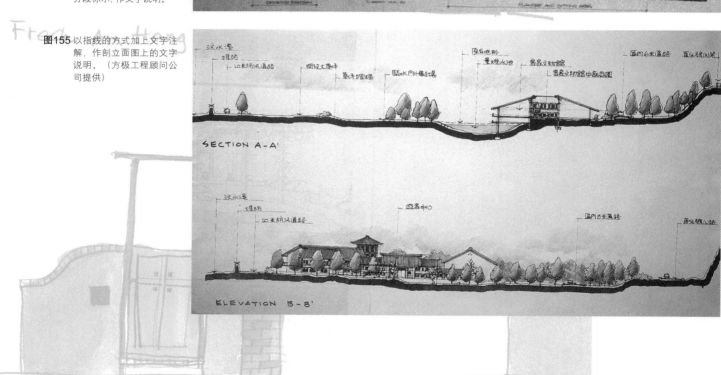

图155 以指线的方式加上文字注解,作剖立面图上的文字说明。(方极工程顾问公司提供)

2.7 轴测及等角投影图

以"斜投影"方式所表现的立体图法可依投影角度的不同而分为"轴测投影法"(Axonometric)及"等角投影法"(Isometric)两种。这两种画法也是表现三度空间的投影图法中比较简易的方式。在图上，两者都是将构成物体在空间X、Y、Z三个向度的线条分别以三向不同角度的平行线来构成；它们不同于透视投影的图像，会因前后远近的差异而有大小的变化（图**156**）。

■ 轴测及等角投影图的区别

轴测投影图及等角投影图最主要的区别在于构成立体图中的X、Y、Z三个向度线条的角度不同。如图所示，轴测投影图必须维持立体上其中一个夹角A为90°，而另外两个夹角可有较多的组合方式，图例中有几种不同角度的画法。等角投影法的三向度线条间的夹角A、B、C皆为120°（图**157**）。

轴测及等角投影图中的圆可依图**158**的方式来画。无论是轴测投影图还是等角投影图，上述各种角

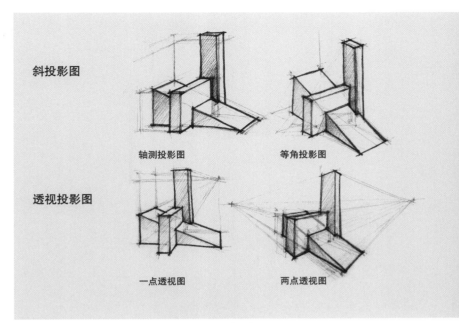

图156 以斜投影方式所画的立体图不同于透视投影的图像，会因远近距离的差异而有大小的变化。

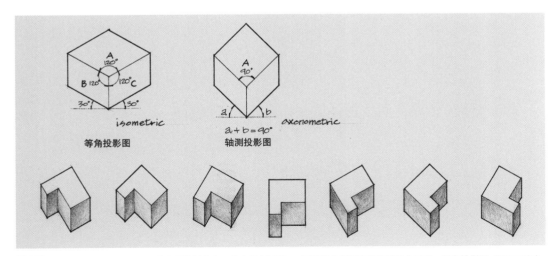

图157 轴测投影图(Axonometric)中必须维持其中一个夹角A为90°，而另两夹角可有较多的组合方式。等角投影图（Isometric）中，三向度线条间的夹角A、B、C皆为120°。

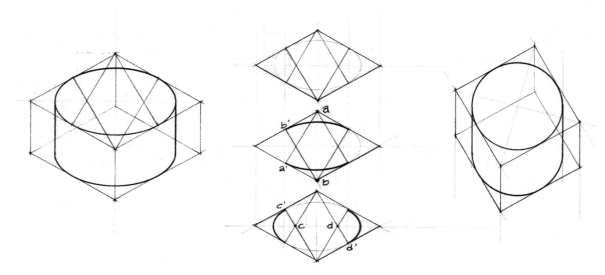

图158 轴测及等角投影图中圆的画法。

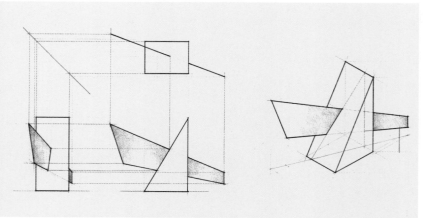

图159 要表现轴测及等角投影图中的斜面时，必须先找出斜面上的点位于水平及垂直线上的位置，再连接成斜面。

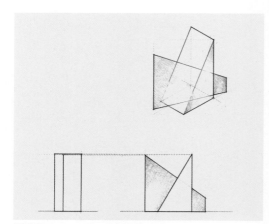

图160 练习：请加入未完成部分的线条。

度的线条主要都是画出架构三度空间中水平与垂直向的线条。若是要表现斜面,必须先找出斜面上的点位于水平及垂直线上的位置,再连接成斜面(图159、160)。

■ 轴测投影图

以轴测投影图表现空间的景物时有两种基本方式:

1. 利用水平投影面(例如平面图),加上物体的高度发展成立体图。
2. 利用垂直投影面(例如立面图),加上物体的深度发展成立体图。

若是利用平面图发展成立体图,绘制前必须先将平面图转成与水平线形成某一角度(例如30°/60°),再在平面图中加上垂直平行线画出景物高度,即可绘出轴测投影图。若是利用剖面图或立面图发展成立体图,则是在剖面图或立面图中加上任一角度的平行线画出物体深度,构成轴测投影图(图161)。

无论是用第一种还是第二种方式绘制轴测投影图,都可将平面或立面以外的另一向度的线条按比例缩短长度做视觉上的调整,因为在这种画法中,当X、Y、Z三个向度的线条都以等长画出时,会使人在视觉上感觉比实际画出的正立方体还高。由图例中可看出"正方体A"的长、宽、高都由等长的线条L组成,但感觉却像长方体,而"立方体B"的深度部分由1/2L的长度画出,却在视觉上比较接近正立方体(图162)。因此当我们以轴测投影图法表现一个空间时,可以依此来做视觉上的调整。例如,当轴测投影图中的平面部分是以1/100的比例来画时,高度则可以1/200或1/150的比例画。

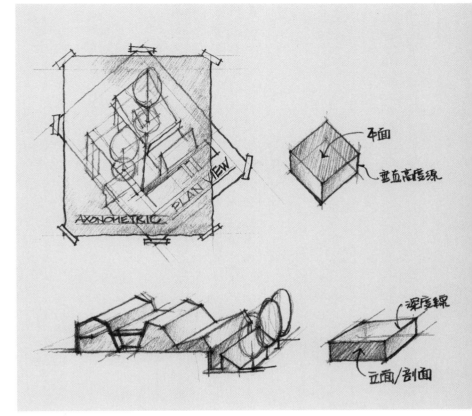

图161 画轴测投影图时,先将平面图转一定的角度,再加上垂直平行线画出景物高度;或是在剖面图或立面图中加上任一角度的平行线画出物体深度,构成轴测投影图。

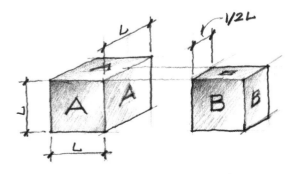

图162 "正方体A"中的长、宽、高都由等长的线条L组成,但感觉却像长方体,而"立方体B"的深度部分由1/2L的长度画出,却在视觉上比较接近正立方体。

■ 等角投影图

以等角投影图表现空间上的景物时，同样也可用平面图和剖立面为底图，将景物画成立体图像。等角投影图与轴测投影图最大的差异在于其平面图或立面图部分不可用直接套用的方式完成，而必须先将平面图或立面图转成120°/60°的平行四边形，再画其高度（或深度）的线条（图163）。若图上有许多不同的高低变化，应先画出较大面积的主要高程部分，再由主要高程以垂直线向上或向下画出其他部分的高度，以完成等角投影图（图164）。

若能用工具将构成〝等角投影图〞中三向度的线条（30°/90°/30°）以等间距画成〝等角网格图〞，则可用来作为底图，以透明的纸张，利用底图中格子的尺寸及其线条的角度来套绘等角投影图（图165）。

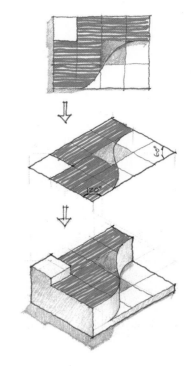

图163 画等角投影图时，必须先将平面或立面图转成120°/60°的平行四边形，再画其高度（或深度）。

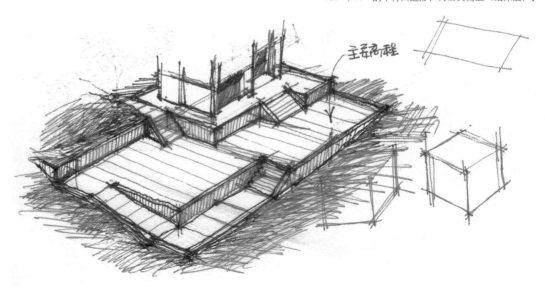

图164 画轴测或等角投影图时，若图上有许多不同的高低变化，应先画出主要高程部分，再由主要高程以垂直线向上或向下画出其他部分的高度。

■ 轴测及等角投影图的表现要领

不规则的形体及质感表现

当图面需要表现出较不规则的形体（如石头、植栽等）或曲面时，可先以辅助线将简化的形体框成各种立方体或几何形状，再借助这些框架及辅助分割线的关系描绘出物体的轮廓。除了轮廓线外，这些不规则的形体还需要通过明暗、质感的表现来强化其形体（图166）。

硬体材质的表现

表现硬体材质的质感时，如果是表现规则分割的单元材料，则需依照所绘的轴测图或等角图上的线条角度画出面材的分割线（例如红砖、地砖和木板等材质的表现），但如果是表现不规则形体的材质（例如乱石片贴面等材质），就必须先在图上画出等分间隔辅助线，再参考辅助线来勾画出材质的形体（图167）。

阴影的表现

画轴测及等角投影图的阴影时，必须先决定光线的高度角与方位角，当光源被设定为平行光时，图上所有的高度角与方位角的线条分别都是同角度的平行线，图中影子的方向必须配合景物的阴面来表现（图146，147，148，168）。

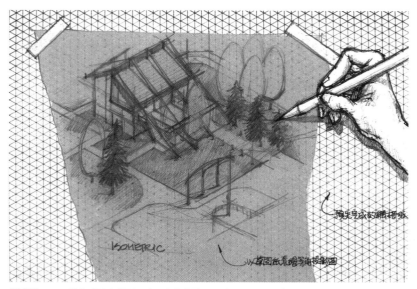

图165 以工具将构成等角投影图中三个角度的平行线以等间距画线，利用图中格子的长度及线条的角度为底图，以透明纸张套绘等角投影图。

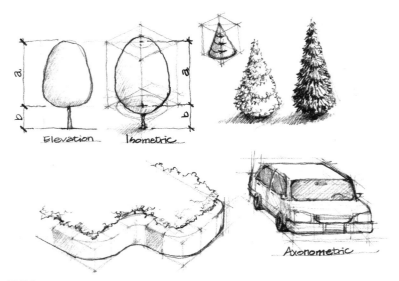

图166 要表现不规则形体或曲面时，可先以辅助线将简化的形体框成各种立方体或几何形，再借助这些框架及辅助分割线的关系描绘出物体的轮廓。

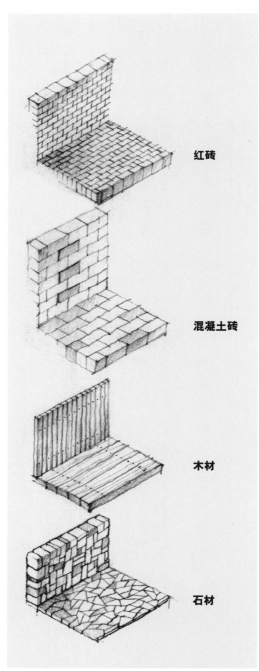

红砖

混凝土砖

木材

石材

图167 表现规则分割的硬体材质需依照轴测图、等角图上的线条角度画出面材的分割线，或先画出等分间隔辅助线，再参考辅助线来勾画出不规则的轮廓线。

图168 画轴测及等角投影图的阴影时，必须先决定光线的高度角与方位角，若光源被设定为平行光，图上所有的高度角与方位角的线条分别都是同角度的平行线。

2.8 透视图

除了介绍过的轴测及等角投影法之外，另一种表现立体空间的图法就是"透视图"，而透视图与轴测、等角投影图最主要的差别在于透视图能够表现出与视觉相同的画面。绘图者可设定最合适的视线高度、位置及视角范围，画出空间上想模拟的景物（图**169**）。

画透视图如同拍照一样，必须预先架构好拍摄的角度、范围、拍摄者所站的位置及高度，待构思完整后才能按下快门。

构成一张透视图前，必须先决定三个基本要素（图**170**）：

1. 景物
2. 画面
3. 观景者

我们可将透视图中的景物想象成照片所要拍摄的景物，而将画面想象成相机的镜头，观景者则为拍摄者。所以，画透视图之前，必须先决定好如何取景，包括观景者与景物之间的距离及视角关系，如仰视、平视或俯视（图**171**），而根据景物与画面所形成的不同角度关系，则可画出不同类型的透视图，如一点透视、二点透视或三点透视（图**172**）。

一张理想的透视图，除了要应用透视原理，逐步将透视图勾勒出来外，必须再加上笔触、质感、阴影或色彩等绘图表现技法，才能完整（图**174**）。

透视图上常见的专有名词包括（图**173**）：

Horizon Line (HL) 水平线

Center of Vision (CV) 视中心

Vanish Point (VP) 消点

Station Point (SP) 视点（平面）

Eye Point (EP) 视点（立面）

Picture Plan (PP) 画面

Ground Line (GL) 地平线

Measure Point (MP) 测点

图169 透视图能够表现出与视觉相同的画面，绘图者可设定最合适的视线高度、位置及视角范围，画出空间上想模拟的景物。

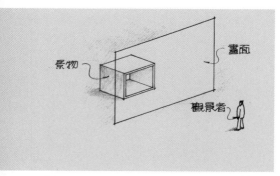

图170 画透视图时，须事先设定好景物、画面及观景者的关系。

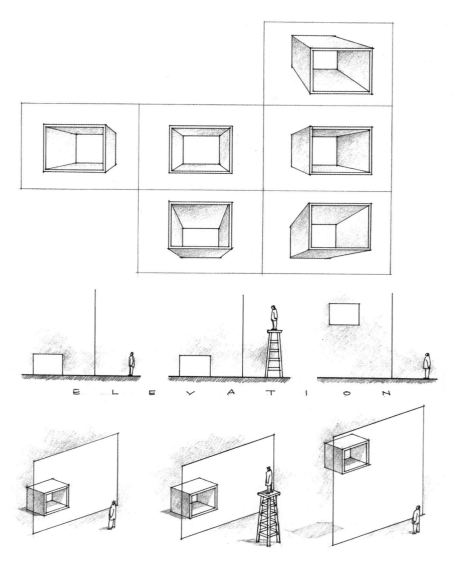

ELEVATION

图171 画透视图之前，必须先决定好如何取景，包括观景者与景物之间的距离及视角关系，如仰视、平视或俯视。

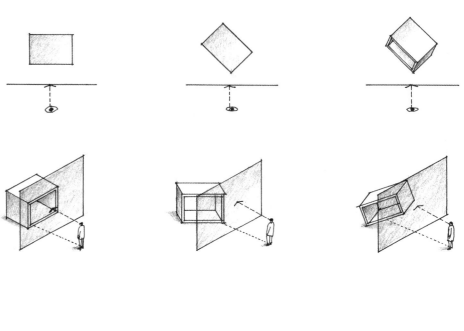

一點透視

兩點透視

三點透視

图172 根据景物与画面所形成的
不同角度关系，可画出不
同类型的透视图，如一点
透视、二点透视或三点
透视。

图173 透视图上常见的专有名词
HL　水平线
CV　视中心
VP　消点
SP　视点（平面）
EP　视点（立面）
PP　画面
GL　地平线
MP　测点

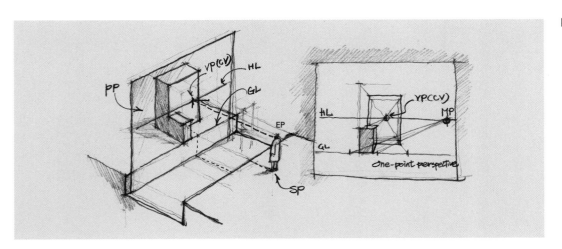

图174 一张理想的透视图，除了运用透视原理，逐步将透视图勾勒出来外，必须再加上笔触、质感、阴影或色彩等绘图表现技法，才能完整。（吴树陆绘）

■ 一点透视

一点透视（One—point Perspective）中，景物与画面的关系为平行状态，较常应用的画法包括"足线法"及"测点法"。以下将分别介绍如何应用这两种方法来表现一点透视图。

足线法

以足线法绘制透视图，是最基本的透视法。绘制一点透视时，其步骤如下（图175）：

步骤1 安排好三个基本要素：景物、画面及观景者的关系。景物与画面的关系会影响到图面的大小（图176），而景物与观景者的距离会影响图面的景深，如果SP与景物的距离太近，超出60°的视角范围，所画的景物则会变形（图177）。

先画出景物、画面及观景者关系的平面图与侧立面图，在平面图下方预留空白处画透视图，并将立面图放在空白处（即预留画透视图的位置）的左侧或右侧。由立面图上的地平线与观景者视高点延伸，向预留空白处画两条水平线，分别为GL与HL线。由平面图上的SP点向下画垂直线交于透视图的HL线上，定为VP点，或称为CV点，代表透视图上最远处的视中心点。

步骤2 透视图上通过PP部分的景物大小不会改变，因此将平面图与侧立面图中景物穿过PP面的部分垂直与水平对应画到透视图的GL线上。若景物未通过PP面，则可以辅助线将景物延伸到PP面上（图176-A）。在一点透视图中，完成此步骤的图面是一张剖面图或立面图。

步骤3 将立面图上水平方向的线条在透视图上与VP点连接，作为表现景物深度的线条。当PP没有位于景物的最前面时，必须在透视图上将这些连接消点的线条向画面（透视图上的GL线）以外延长。

在平面图上由SP点连接要取的景物深度点a、b，将这些连接线（或延伸线）交于PP面上的点，以垂直线画至透视图上，交L线于a、b两点，取得透视图上景物的深度。此步骤也可依相同方式，对应立面图上EP、PP及景物的关系，取得透视图中的景物深度。

步骤4 最后将已确定的线条加上重线，即可完成透视图。

无论是多复杂的景物，在一点透视图中其原理都是以"水平"、"垂直"及"消点方向"的线条分别代表在立体空间上X、Y、Z三个不同方向的线条。架构图面时，先以轻线由远至近完成底图（这样才不会将远处较小的景物忽略），之后再以重线由近至远逐步完成图面（此部分被遮盖的远处景物不需画出）（图178）。在透视图上，应先将复杂的形体简化为较单纯的几何形状，之后再加以分割，勾勒出其形体。构图时尽可能找出各个景物间的相互对应关系及景物的重复性，这样才能较迅速地完成一张透视图。

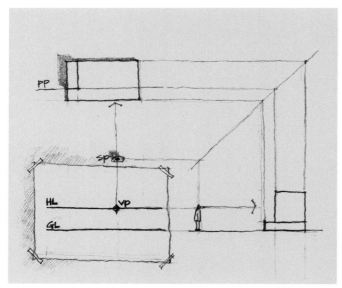

步骤 1

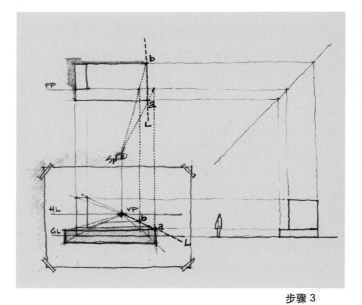

步骤 3

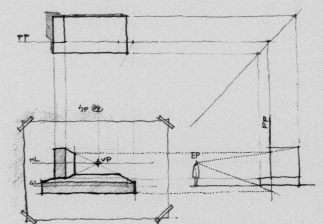

步骤 2

步骤 4

图175 以足线法画透视图。

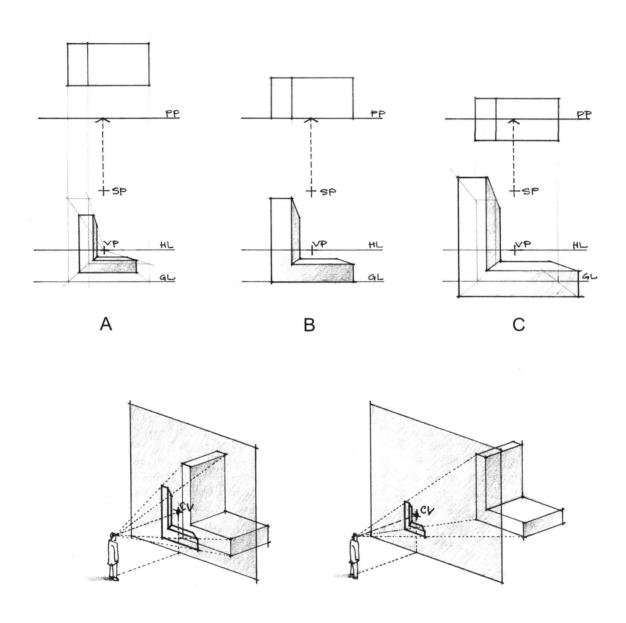

图176 景物与画面的关系会影响到图面的大小。

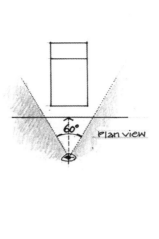

Plan view

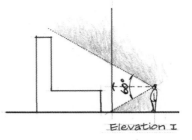

Elevation I

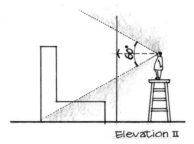

Elevation II

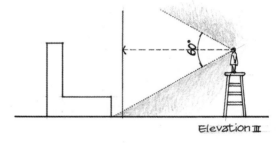

Elevation III

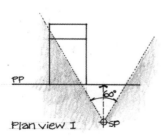

PP

Plan view I

SP

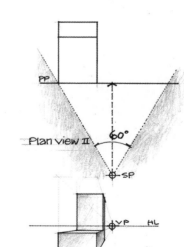

PP

Plan view II

60°

SP

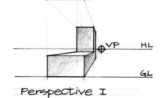

VP   HL

GL

Perspective I

VP   HL

GL

Perspective II

图177 景物与观景者之间的距离会影响图面的景深。如果SP与景物的距离太近，超出60°的视角范围 (Elevation II, Plan view I)，所画的景物就会变形。

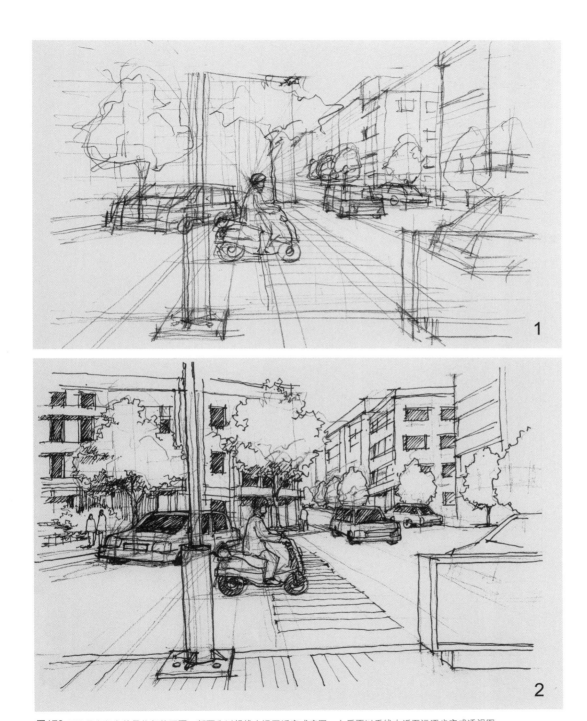

图178 无论是多复杂的景物架构图面，都要先以轻线由远至近完成底图，之后再以重线由近至远逐步完成透视图。

45°线消点

现在我们已经了解：一点透视的画法基本上是利用一张平面图或是剖面图、立面图再加上一个消点画出另一向度的线条而构成的（图**179**）。在画透视图的过程中，是否必须将平面图、立面图与透视图同时安置在同一图面上才能完成？到目前为止我们所了解到的足线法透视原理中，只有在取景物深度时，必须通过平面（或立面）图上SP（或EP）与景物的连接线在PP的交汇点取得（图**180**）。除此之外，透视图上GL、HL线及VP点的位置都是可以直接在透视图上决定的。因此，我们若能以其他方式在透视图上取得景物的深度，则不需将平面图与立面图重复画在透视图纸上。

我们知道：在一点透视图中的PP面上，可依固定比例取得景物的宽与高，而若可以找到平面图上所有与PP面形成45°线条的消点，就可在透视图上通过这些45°线的分割，利用PP面上的距离，取得景物相同深度的距离。此"45°VP"即为透视图中测量景物深度的"测点"（图**181**）。

取"45°VP"的方法如下：

在平面图上由SP点画一条45°线交PP于a点，再由a点画垂直线对应至透视图上的HL线，即为"45°VP"，或称为"测点"（Measure Point）。由于SP点的位置对应VP点位置，因此SP到PP的距离就相当于透视图中VP到MP的距离（图**182**）。

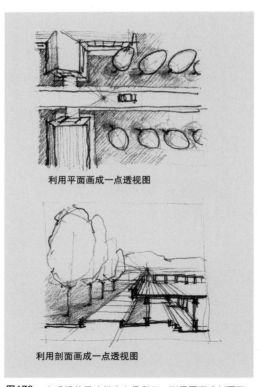

利用平面画成一点透视图

利用剖面画成一点透视图

图179 一点透视的画法基本上是利用一张平面图或剖面图、立面图加上一个消点画出另一向度的线条而构成的。

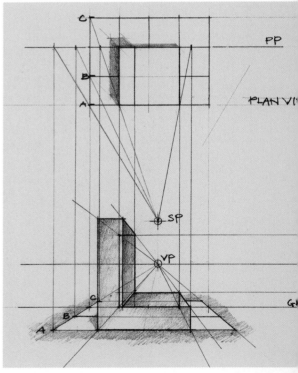

图180 足线法透视原理中，取景物深度时，必须通过平面（或立面）图上SP与景物的连接线与PP交汇而取得。

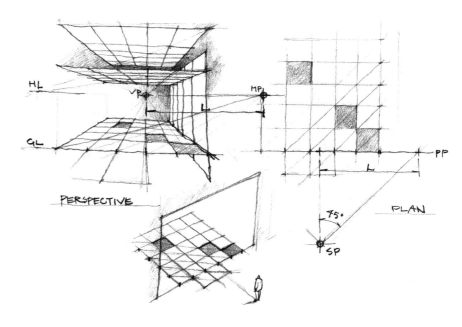

PERSPECTIVE

PLAN

图181 若可以找到平面图上所有与PP面形成45°线条的消点，就可以在透视图上通过这些45°线的分割，利用PP面上的距离，取得景物相同深度的距离。

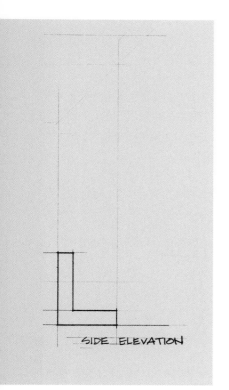

SIDE ELEVATION

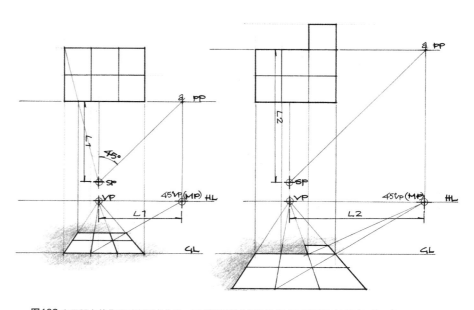

图182 由于SP点的位置对应VP点位置，因此SP到PP的距离就相当于透视图中VP到MP的距离。

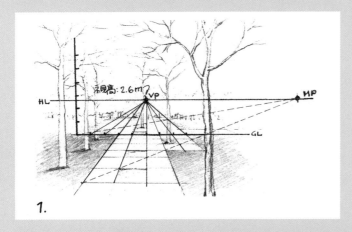

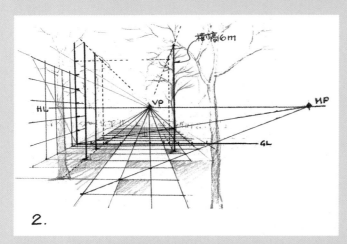

测点法

以测点法绘制透视图的步骤如下（图183）：

步骤1 在图纸上确定代表PP面位置的GL线，GL线上有固定比例的〝长度刻度〞及垂直线上的〝高度刻度〞，此刻度以GL线为〝±0〞。

利用高度刻度定出HL线位置，代表观景者的视高，并决定观看景物的位置点，在HL线上定出VP点的位置，以轻线连接GL线上的刻度至VP点。

在HL线上定出MP点位置。MP点与VP点的距离最好为视高（GL线到HL线距离）的2～4倍。由于此距离相当于平面上SP到PP的距离，因此，决定MP点的位置就如同决定SP的点位置，会影响到透视图的景深。

步骤2 将GL线上距离MP点最远的刻度与MP点连接，此线条可将〝连接VP的线条〞分割出与GL线上同等长度的深度距离。因此，此步骤可依图面上所要表现的景深来决定如何取GL线上的距离长度与MP点连接。必要时，也可在垂直面上做同样的高度与深度的分割线。

步骤3 先在透视图的主要地平面上以轻线画出景物位置，再分别画出景物高度，以重线描绘轮廓，完成透视图。

透视图中取景物的高度时，必须先在PP面上画出高度，再延伸至景物所在位置，取得景物所在位置的高度。

图183 以测点法画一点透视图。

以测点法画一点透视时，应尽量将景物画在画面以内，若需要将景物向画面以外延伸，则MP点应距离VP更远，以避免景物变形。

取得测点的另一种方式是将GL线置于透视图中的前景部位，定好前景立面的大小，再反推至HL线上找出测点位置（图184）。

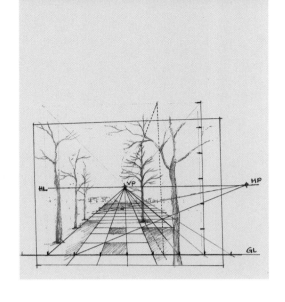

图184 取测点时，也可将GL线置于透视图中的前景部位，先定好前景立面的大小，再反推至HL线上找出测点位置。

■ 两点透视

两点透视与一点透视的主要差异在于景物与画面的关系不同。前面介绍过的一点透视，其景物与画面呈平行关系，而两点透视的景物与画面是非平行的角度关系。透视中的两个消点是由观景者、画面与景物的角度关系所形成的（图185）。

与一点透视相同，绘图者必须先了解所要画的景物应如何构图最为理想，决定好SP的高低及位置点，这样才能将景物中最需要表现的部分展现在图中。

足线法

以足线法画两点透视的原理与一点透视是相同的。若已熟练一点透视的画法，学习两点透视就不困难，其步骤如下（图186）：

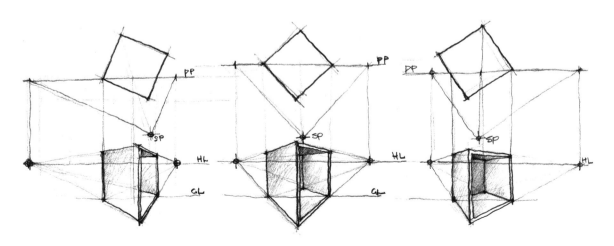

图185 两点透视的景物与画面形成的是非平行角度关系。透视中的两个消点是由观景者、画面与景物的角度关系所形成的。

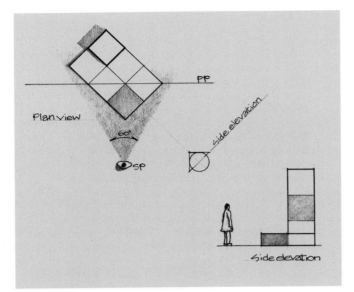

步骤 1

步骤1 安排好景物、画面的角度及观景者的位置，并画出平面图与侧立面图。透视图的大小可取决于PP面与景物的距离（图**187**），确定SP点的位置时，应使景物涵盖在60°的视角范围以内。例如图**187**的B图中，景物虽已涵盖在60°的平面视角范围内，但对于立面视图而言，则有部分景物超出了60°的视角范围，若能将观景者的位置由a点退至b点，则能取得较理想的透视角度。

将平面图下方预留空白处画透视图，并将立面图安置在空白处的左侧或右侧。

步骤2 由立面图上的地平线与观景者视高点画两条水平线至预留空白处，分别为GL与HL线。在平面图上，以平行景物的两条90°夹角线条，由SP点延伸至PP，交于两点。由这两点分别画垂直线，交至透视图中的HL线上取得两消点，分别标示为VPL（左消点）及VPR（右消点）。

步骤3 透视图中通过PP面景物大小不会改变，因此将平面图与侧立面图中景物穿过PP部分，垂直与水平对应画到透视图的GL线上。若景物未通过PP面，先以辅助线将景物延伸到PP面上。当PP面不是位于景物的最前面时，则必须将透视图上这些连接消点的线条向画面（GL线）以外延长（图**188—B**）。

步骤4 依平面图上景物的关系，将透视图上通过PP面部分的点与左右两边的消点连接。在平面图上由SP点连接景物深度的点，将这些连接线（或延伸线）交于PP面上的点，以垂直线画至透视图上，取得透视图上景物的深度。

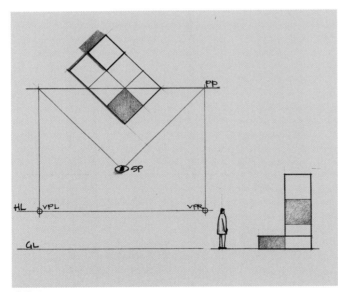

步骤 2

图186 以足线法画两点透视

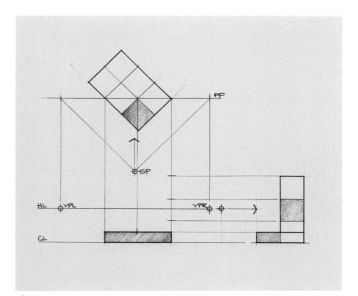

步骤 3

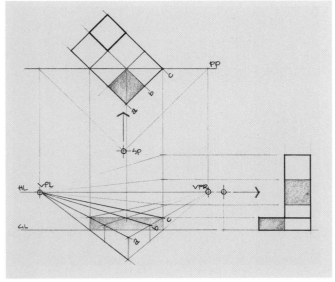

步骤 4

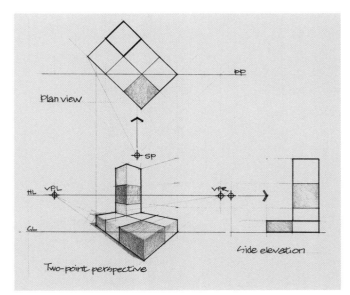

步骤 6

步骤 5

步骤5　在PP面上以轻线画出景物的高度，再将此高度延伸至景物所在的位置，取得景物所在位置的高度。

步骤6　最后分别以重线描绘景物轮廓形体，完成透视图。

两点透视与一点透视最大的差异在于图上主要架构空间关系的X、Y、Z三向度线条的走向不同；前者是由水平、垂直及消点方向的线条架构而成，后者是以垂直线及两个消点方向的线条组构出透视图。因此，两点透视比一点透视复杂些，绘图时可先以轻线画出景物在透视图中主要地面部分的位置，再画其高度。画景物高度的深度线条时，应依照地面上线条的消点方向，画向左侧或右侧的消点。

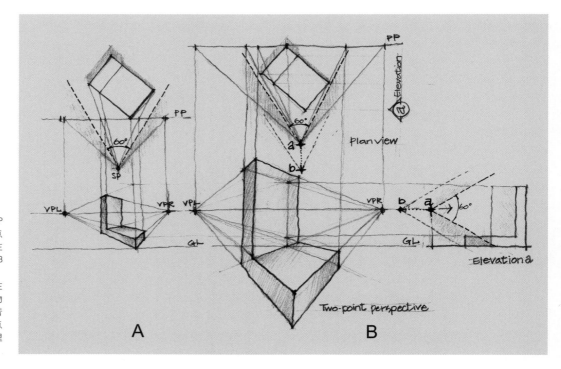

图187 透视图的大小可取决于PP面与景物的距离。定SP点位置时，应使景物涵盖在60°的视角范围以内。B图中景物虽已涵盖在60°的平面视角范围内，但在立面视图中则有部分景物超出60°的视角范围，若能将观景者的位置由a点退至b点，则能取得较理想的透视角度。

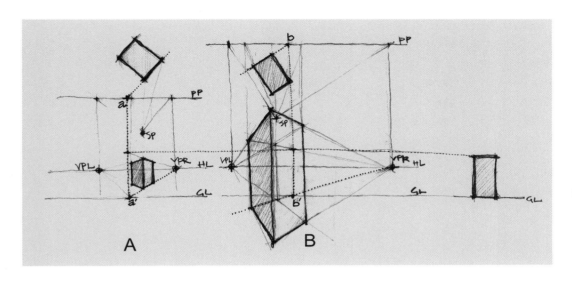

图188 若景物未通过PP面，先以辅助线将景物延伸到PP面上。当PP面不是位于景物的最前面时，则须将透视图上连接消点的线条向画面(GL线)外延长。

两点透视中的测点

与一点透视相同，两点透视也可以通过透视上的测点来取得深度，图中需要两个取深度的测点，步骤如下（图189）：

步骤1 如图所示，先以找消点的方式，将已定好景物及PP、SP关系的平面图上以平行景物的两条90°夹角线条由SP点延伸至PP，交于a、b两点。

步骤2 分别以a、b点为圆心，SP到a点及SP到b点的距离为半径，画两个圆弧，交PP线于c、d两点。SP到a点的距离等于a到d的距离，SP到b点的距离等于b到c的距离。

步骤3 由c、d点分别画垂直线，交于透视图上的HL线上，取得"MP1"及"MP2"两个测点。

由图中可以看出如何在两点透视图上通过GL线上的长度与测点连接，取得景物的深度。这样通过测点取得的深度与足线法取得的结果是相同的。

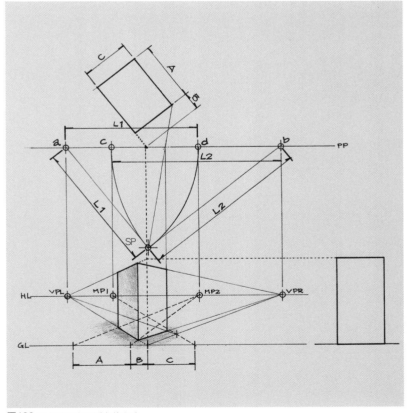

图189 两点透视中取测点的方法

测点法

在"不通过足线法的方式找测点"的情况下，可依下面的方法，直接在透视图上取得测点画透视图，步骤如下（图190）：

步骤1　在图纸上画出代表PP面位置的GL线，在线上画出单位长的刻度（如每1m长或每50cm长的刻度）。再画出代表观景者视高的HL线（例如可将视高定于1.5m高）。在HL线上定出两个消点VPL与VPR，这两点距离尽量不要太近，必要时消点可超出图纸之外。

步骤2　将HL线假设为平面图上的PP线，通过两个消点来反推MP点位置，也就是通过两个消点画两条互相垂直的线条，而将两线交点假设为SP点，这个SP点可超出图面外。若两个消点间距离过长，不易以三角板画出SP点，可以利用一张纸的90°角及其边缘部分来找出SP点及两测点的距离与位置（图191）。

步骤3　如图所示，在GL线上任取一个刻度点，连接至左右两消点，并可将这两条线延伸至GL线以外，形成L1与L2两条交线，将GL线上的刻度分别

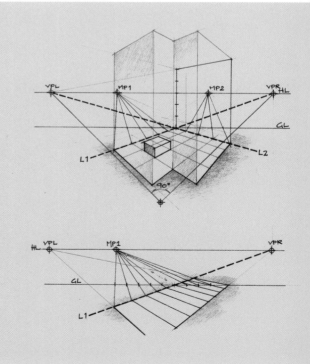

与MP1及MP2连接，或连接后向GL线之外延伸交至L1及L2线上，可将L1及L2线分割出同等单位长的刻度。这些连接MP1及MP2的线条，目的在于分割L1及L2线，以取得深度单位的长度，因此这些线条应尽可能以最轻的线条来处理，或者仅在L1及L2线上画出分割点即可，这样是为了避免与消点连接的线条造成混淆。

步骤4 分别连接L1及L2线上的分割点于两侧消点，形成地面层单位长度的透视网格图。

步骤5 利用透视网格图，在地面层绘出平面图

上景物的位置，再在PP面的垂直线上找到景物的高度，利用两消点的延伸找出景物所在位置的高度，逐步完成透视图。

无论是一点或两点透视，打格子的方式主要是为了便于绘图者找出透视与平面的对应关系，但并非绝对必要。这种方式一般较适合画单元重复性较高的设计，如规则的铺面形式、等距离的行道树、柱列等，或表现曲线时需要以格状找出曲线在透视图中的对应关系。一般而言，当绘图者熟练透视图的画法之后，即可透过MP点，直接利用GL线取得景物的深度。

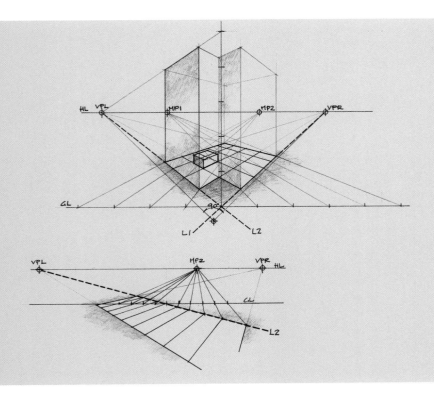

图190 以测点法画两点透视图

133

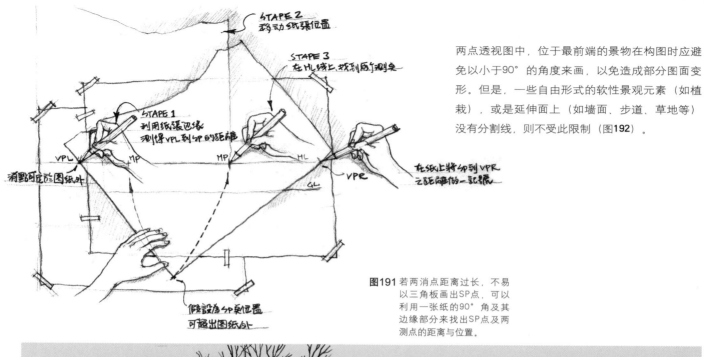

STAPE 2
移动纸张位置

STAPE 3
在HL线上, 找到两个测点

STAPE 1
利用纸张边缘
测得VPL到SP的距离

VPL

MP

MP

HL

GL

VPR

消点可位于图纸外

在纸上将SP到VPR
之距离做的一记录

假设店SP点位置
可超出图纸外

两点透视图中, 位于最前端的景物在构图时应避免以小于90°的角度来画, 以免造成部分图面变形。但是, 一些自由形式的软性景观元素 (如植栽) , 或是延伸面上 (如墙面、步道、草地等) 没有分割线, 则不受此限制 (图192) 。

图191 若两消点距离过长, 不易以三角板画出SP点, 可以利用一张纸的90°角及其边缘部分来找出SP点及两测点的距离与位置。

VPL

VPR

90°

90°

90°

90°

图192 两点透视图中, 位于图中最前端的景物在构图时应避免以小于90°的角度来画。

■ 透视图中的斜线、圆弧及曲线

前面提过的透视原理都是以平面、立面上水平、垂直向的线条来构成景物在空间上的量体关系。当这些景物是由圆弧线或斜线组成时，我们则需先找出这些线条在平面图、立面图中的水平、垂直对应点，再在透视图中以同样方式找到这些点，将点连接，画出所要画的斜线（图193）。

在透视图上画圆时，应先在平面图（或立面图）上以辅助线画出以圆形直径为边长的正方形作为圆的外框，并画出此正方形的对角线，取得正方形及对角线与圆的交点，将圆周以8等份分割。将正方形及其分割线与圆的交点画在透视图中，再利用这些分割点的连接画出透视中的圆（图194）。

曲线在透视图中的画法，较常见的是在平面图（或立面图）与透视图上，先画出能够涵盖曲线范围的格子，再在透视图上找出格子与曲线的交点，进而利用这些点的连接画出透视中的曲线（图195）。

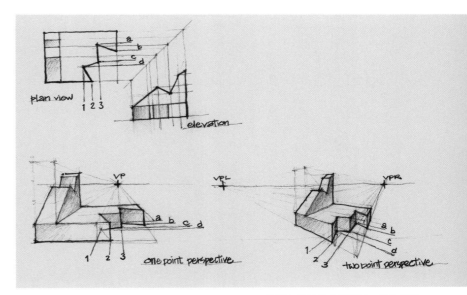

图193 画斜线或斜面时，须先找出这些线条在平面图、立面图中的水平、垂直对应点，再在透视图中以同样方式找到这些点，将点连接画出斜线或斜面。

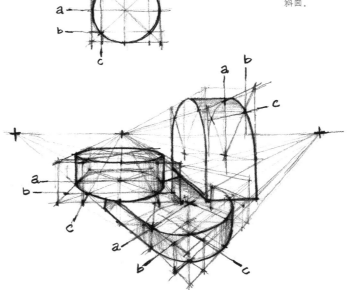

图194 在透视图上画圆时，可在平面图（或立面图）上以辅助线画出以圆形直径为边长的正方形作为圆的外框，以正方形及其对角线与圆的交点，将圆周以8等份分割，再利用这些分割点的连接画出透视中的圆。

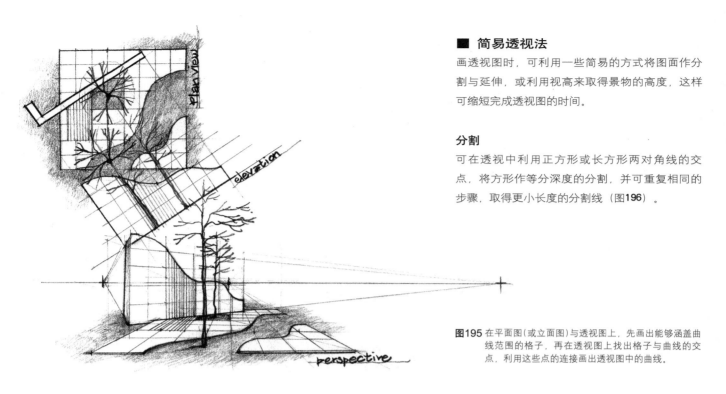

■ 简易透视法

画透视图时，可利用一些简易的方式将图面作分割与延伸，或利用视高来取得景物的高度，这样可缩短完成透视图的时间。

分割

可在透视中利用正方形或长方形两对角线的交点，将方形作等分深度的分割，并可重复相同的步骤，取得更小长度的分割线（图196）。

图195 在平面图（或立面图）与透视图上，先画出能够涵盖曲线范围的格子，再在透视图上找出格子与曲线的交点，利用这些点的连接画出透视图中的曲线。

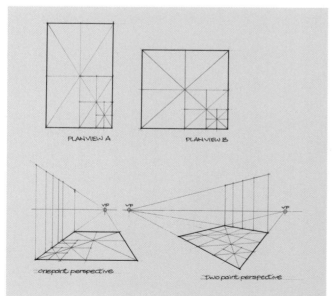

图196 在透视图中利用正方形或长方形两对角线的交点，将方形作等分深度的分割。

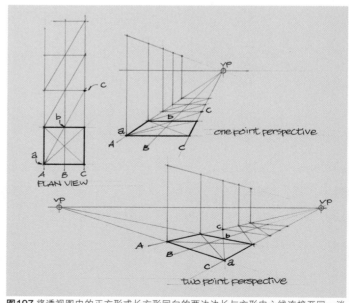

图197 将透视图中的正方形或长方形同向的两边边长与方形中心线连接至同一消点，为A、B、C三线。将图中的a、b点连接并延伸交C线于c点，取得同等于方形边长的延伸长度。

延伸

如图所示，将透视图中的正方形或长方形同向的两边边长与通过方形中心点的线条连接至同一消点，为A、B、C三线。将图中的a、b点连接并延伸交C线于c点，取得同等于方形边长的延伸长度。可重复同样的方式，延伸更多的单位长度（图197）。

高度

利用景物与HL线高度（视高）的倍数关系，在透视图中定出景物的高度。如图例中视高为1.5m，在透视图中地面上任一位置点到HL线的垂直距离都固定为1.5m，利用此高度关系在图中表现人物时，可在图中不同远近位置点上画垂直线到HL线上，取得人眼睛高度的位置。图中高0.5m的矮坐台为视高的1/3；图中高6m的树为视高的4倍。先在透视图上找出树的位置点，由位置点画垂直线到HL线，再取此高度的4倍，即为6m的树高（图198）。

One-point perspective

Plan view
Scale：1/200

图198 利用景物与HL线高度（视高）的倍数关系，在透视图中定出景物的高度。

无论以哪种方式完成一张透视图，透视原理仅为其中一部分，而最终所呈现的，还包括了构图、取景、色彩、质感等要素。因此，除了熟悉透视原理之外，从一开始还要以草图的方式针对图面进行构图、取景，经过几次修正后，才能以理想的布局着手画透视图。整体图面的明暗、质感、色彩等绘图能力，也只有凭借不断的练习，尝试以各种手法表现不同的空间、景物，才能得以提升（图199）。

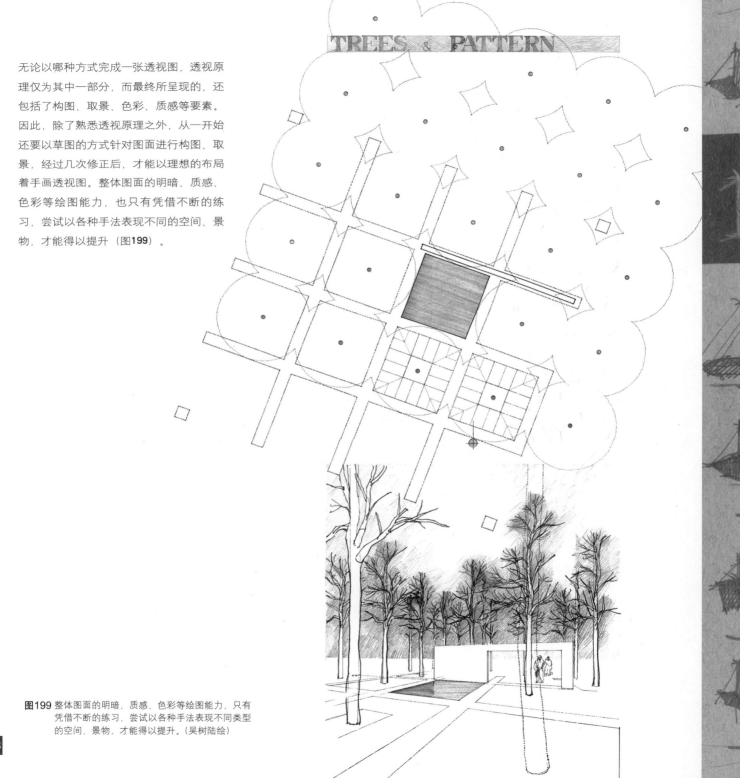

图199 整体图面的明暗、质感、色彩等绘图能力，只有凭借不断的练习，尝试以各种手法表现不同类型的空间、景物，才能得以提升。（吴树陆绘）

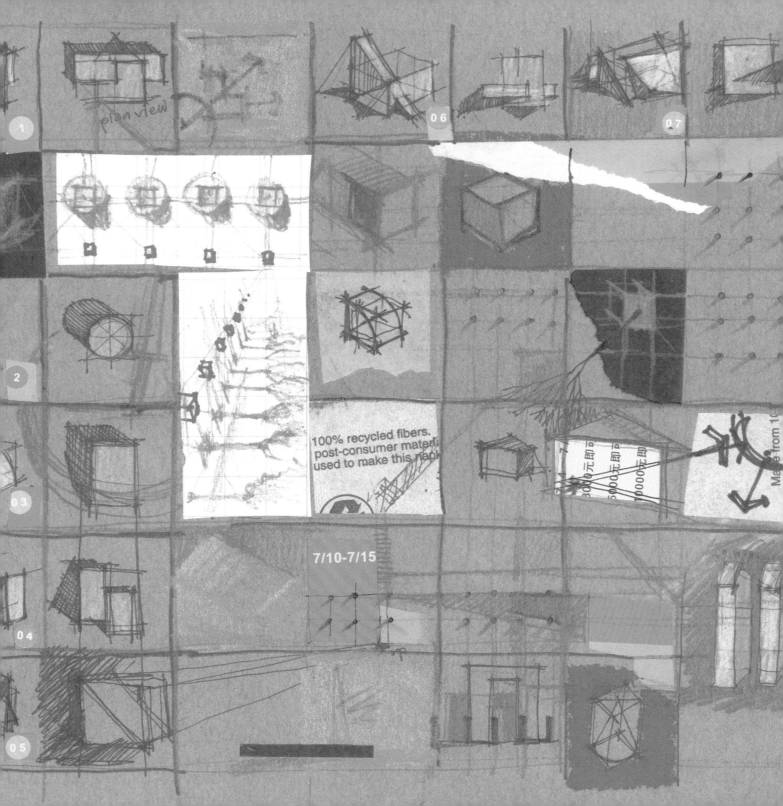

景观设计绘图案例

3

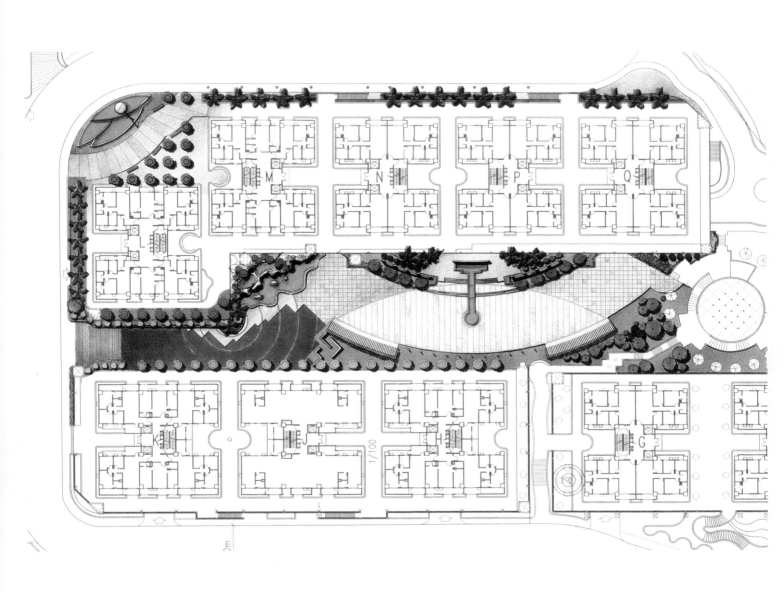

图200 住宅景观设计分区平面配置图
原图：A1模造纸；电脑绘图，签字笔、麦克笔、彩色铅笔
（大凡工程顾问公司提供）

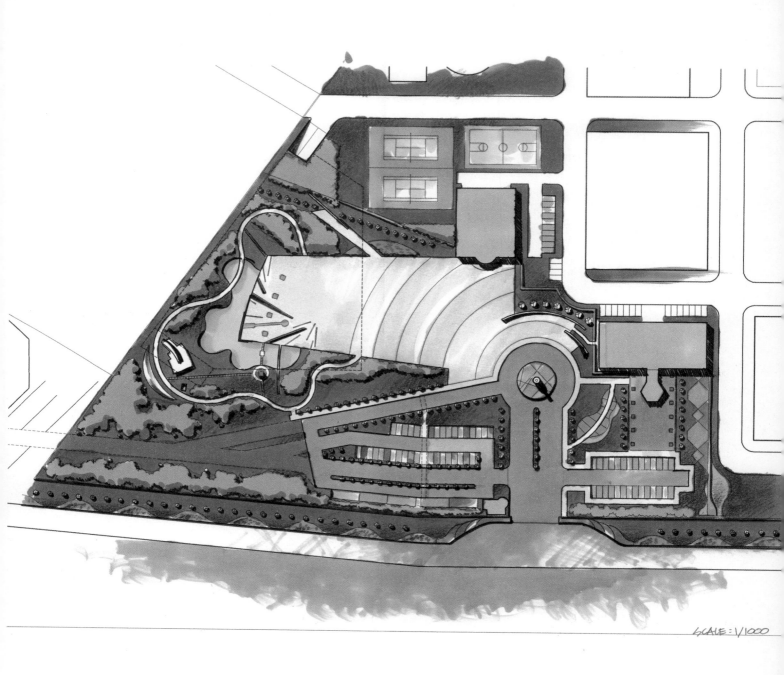

SCALE: 1/1000

图201 金门酒厂厂区景观设计分区平面配置图
原图：A3模造纸；电脑绘图，签字笔、麦克笔、彩色铅笔
（大凡工程顾问公司提供）

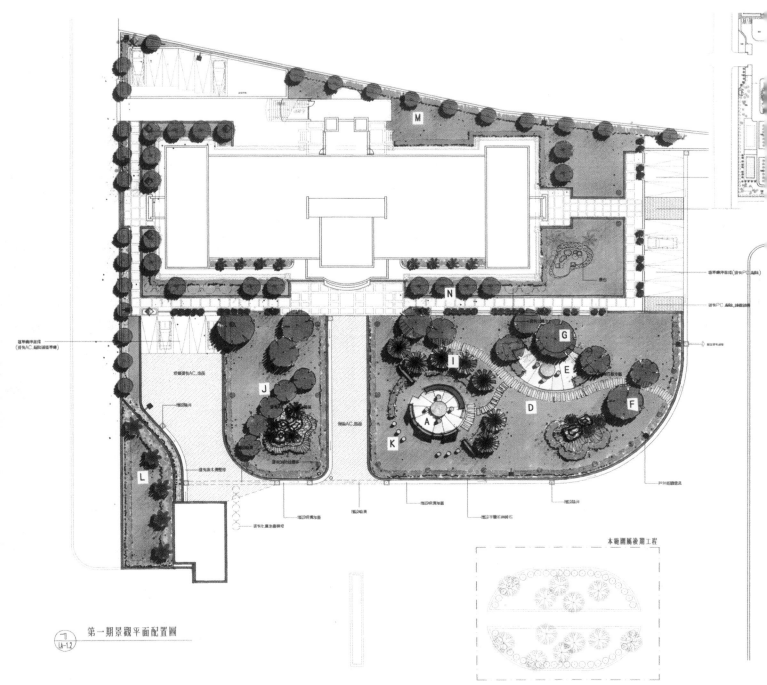

第一期景觀平面配置圖

图202 某景观设计分区平面配置图
原图：A3模造纸；电脑绘图，签字笔、麦克笔、彩色铅笔
（大凡工程顾问公司提供）

143

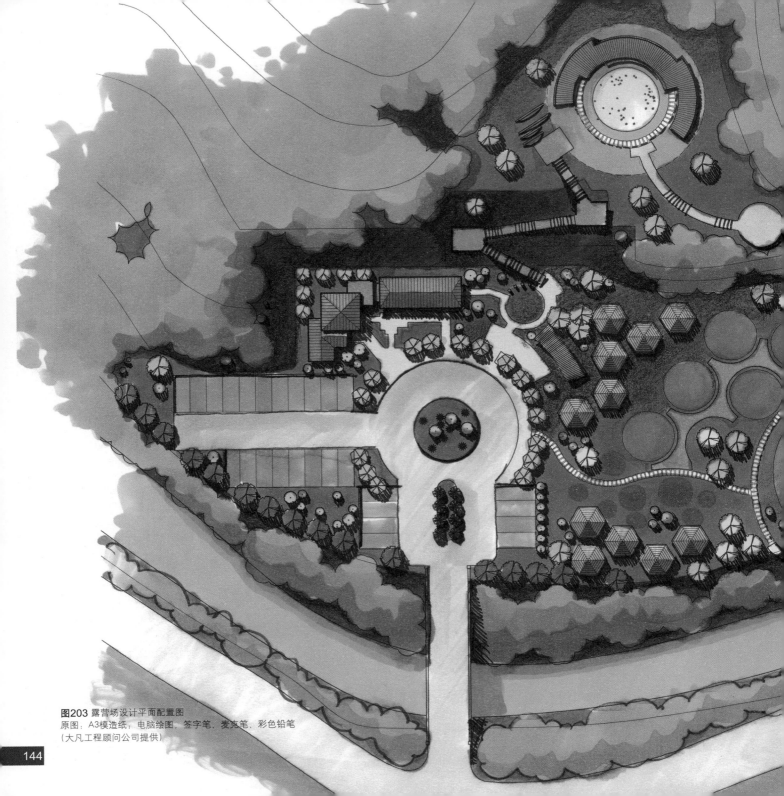

图203 露营场设计平面配置图
原图：A3模造纸，电脑绘图，签字笔、麦克笔、彩色铅笔
（大凡工程顾问公司提供）

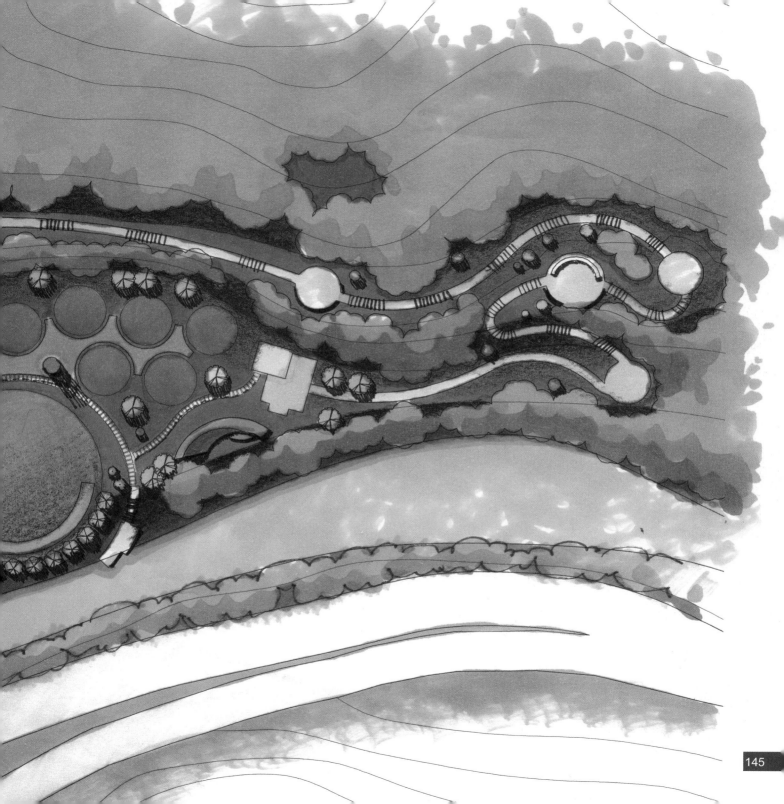

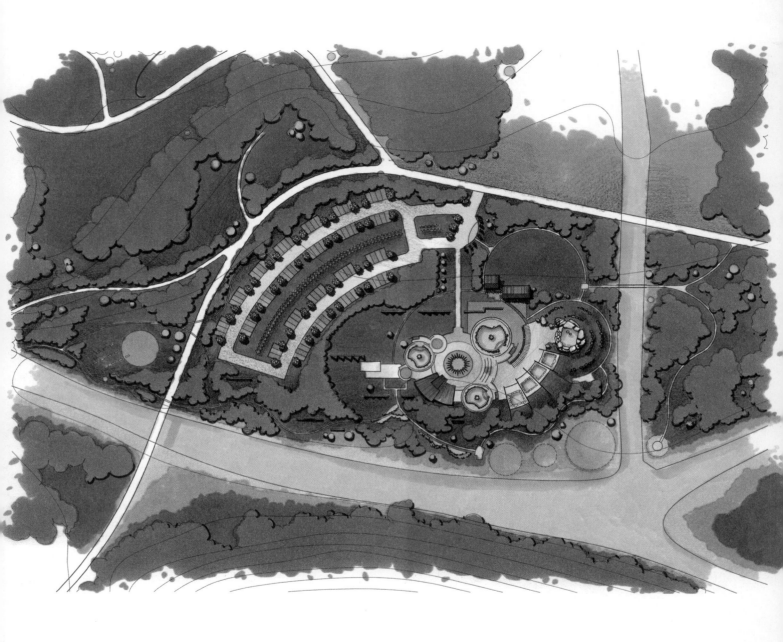

图204 金仑溪亲水公园平面配置图
原图：A1模造纸（原图比例为1／200）；电脑绘图，签字笔、麦克笔、彩色铅笔
（大凡工程顾问公司提供）

图205 泰山乡活动中心前广场轴测投影图
原图：A3模造纸；电脑绘图，签字笔、水彩、彩色铅笔
（张国万绘．大凡工程顾问公司提供）

图206 某公园游客中心生态湖区等角投影图
原图：A3模造纸；电脑绘图，签字笔、水彩、彩色铅笔
（张国万绘．大凡工程顾问公司提供）

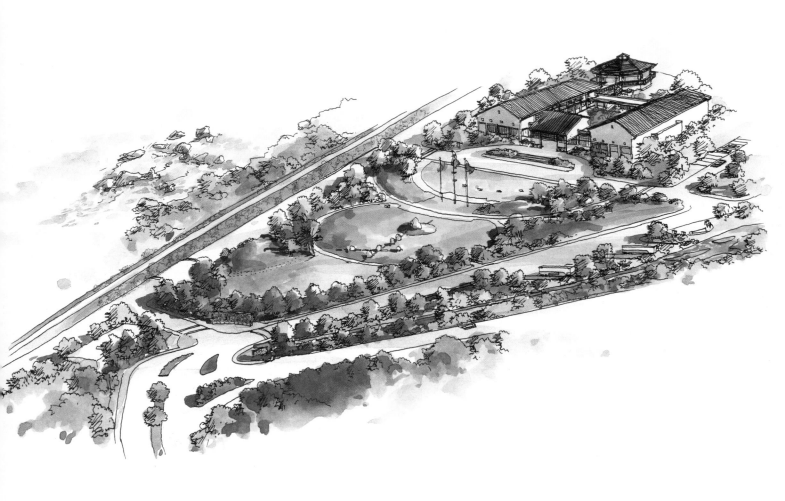

图207 某公园游客中心入口区等角投影图
原图：A3模造纸；电脑绘图，签字笔、水彩、彩色铅笔
（张国万绘，大凡工程顾问公司提供）

图208 高铁台南站特定区开发工程（景一）两点透视图
原图：A3模造纸；电脑绘图，签字笔、水彩、彩色铅笔
（张国万绘，大凡工程顾问公司提供）

图209 高铁台南站特定区开发工程（景二）等角投影图
原图：A3模造纸；电脑绘图，签字笔、水彩、彩色铅笔
（张国万绘．大凡工程顾问公司提供）

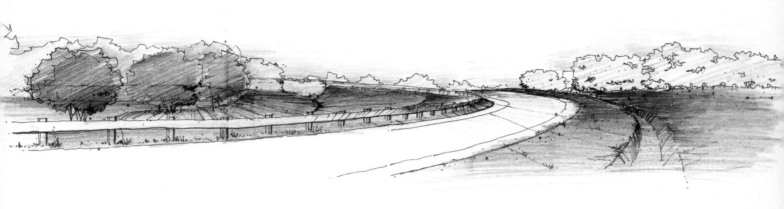

图210 高速公路拓宽工程景观模拟
原图：A3草图纸；基地现况照片套描，签字笔、彩色铅笔
（大凡工程顾问公司提供）

图211 某电信公司营业所入口区设计速写
原图：A3模造纸；签字笔
（大凡工程顾问公司提供）

图212 Leeds Park 平面配置图 (New Castle, U.)
原图，A1模造纸，针笔、麦克笔
（李正中绘）

Axonometric   Li, Cheng-Chung, MA2, 1992 *Sheet*

图213 Leeds Park 轴测投影图（New Castle，U.K.）
原图：A1模造纸；针笔、麦克笔
（李正中绘）

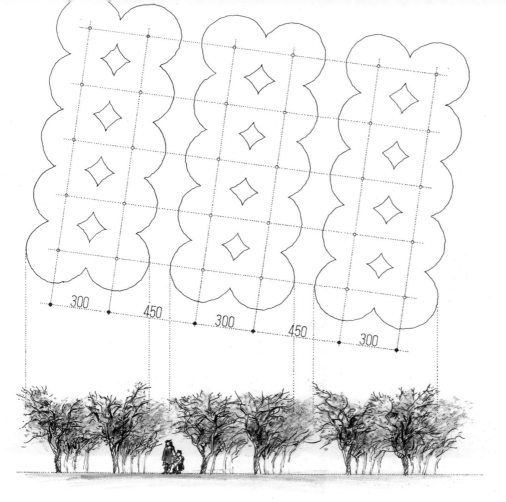

300   450   300   450   300

SCALE 1:100

图214 树与空间平面图、立面图
原图：A2模造纸；钢笔、彩色铅笔、炭精笔
（吴树陆绘）

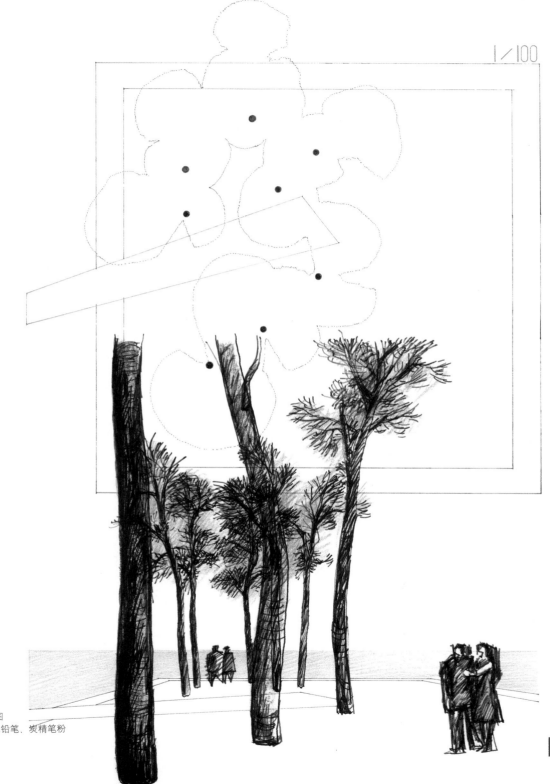

1/100

图215 树与空间平面图、一点透视图
原图：A2模造纸；铅笔、钢笔、彩色铅笔、炭精笔粉
（吴树陆绘）

157

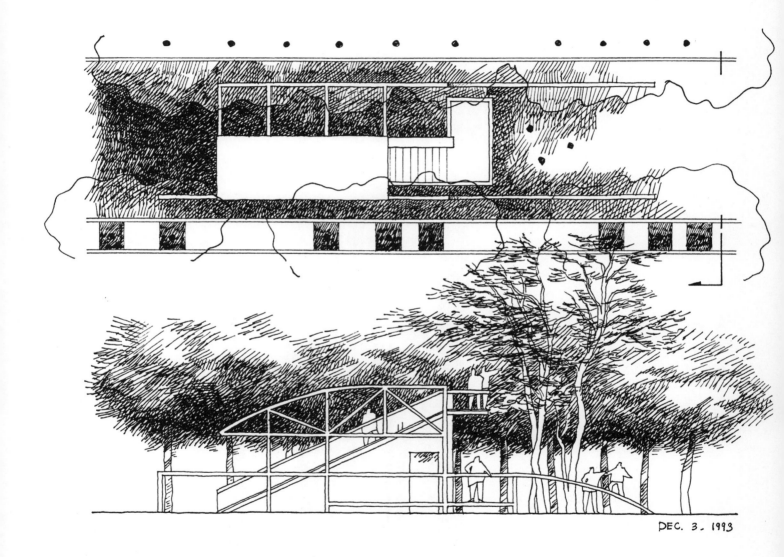

DEC. 3. 1993

图216 树与空间平面图、立面图
原图：8开素描纸；钢笔
（吴树陆绘）

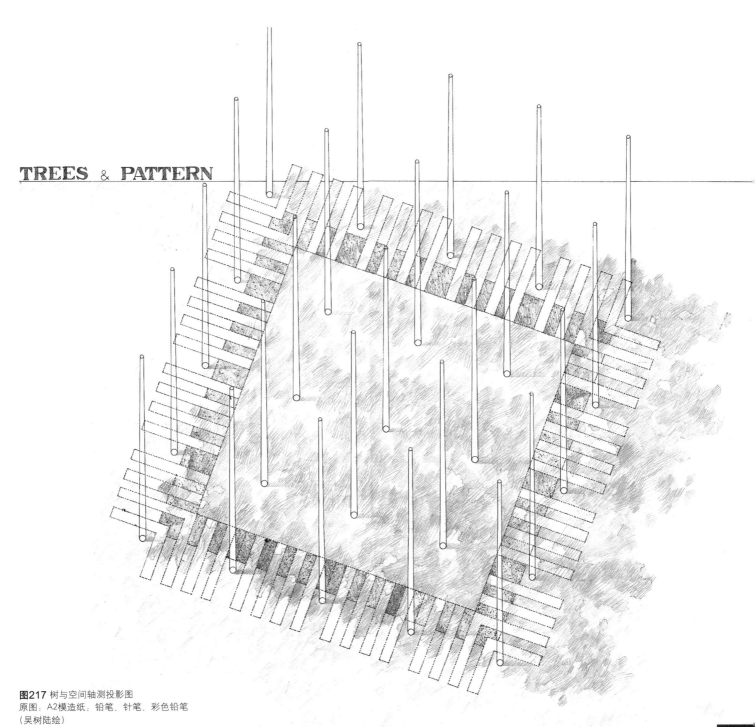

TREES & PATTERN

图217 树与空间轴测投影图
原图：A2模造纸；铅笔、针笔、彩色铅笔
（吴树陆绘）

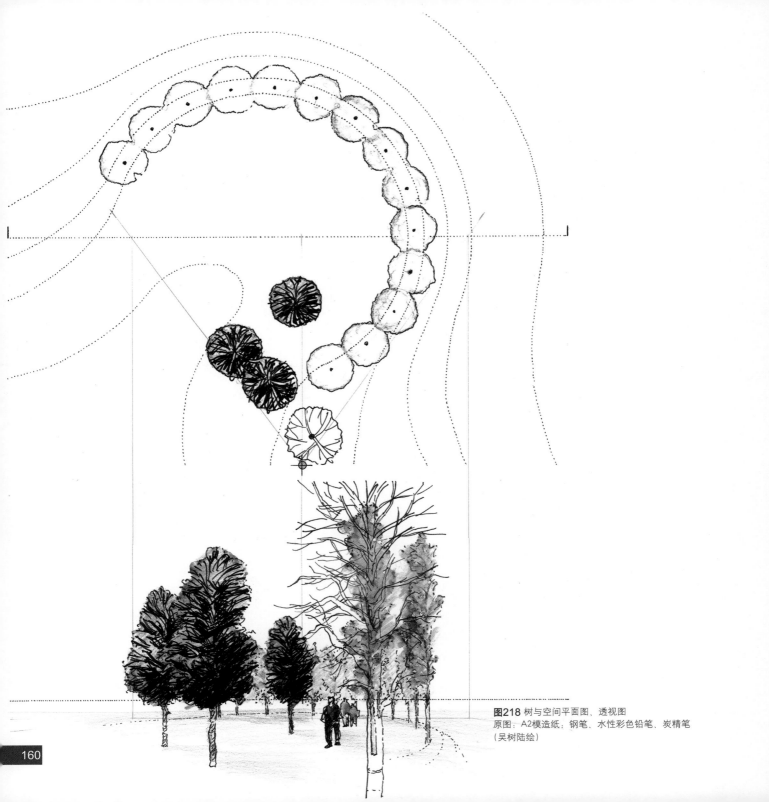

图218 树与空间平面图、透视图
原图：A2模造纸；钢笔、水性彩色铅笔、炭精笔
（吴树陆绘）

图219 美国麻州 Allandale 集合住宅两点透视图
原图：A3模造纸；基地现况照片套描，针笔、彩色铅笔
（陈朝兴绘）

图220 马来西亚 Desaru Resort 饭店设计立面图
原图：A3模造纸；针笔、铅笔
（陈朝兴绘）

图221 大溪现代桃花园社区整体发展计划集合住宅俱乐部两点透视（设计思考图）
原图：A3模造纸；铅笔素描，彩色铅笔
（陈朝兴绘）

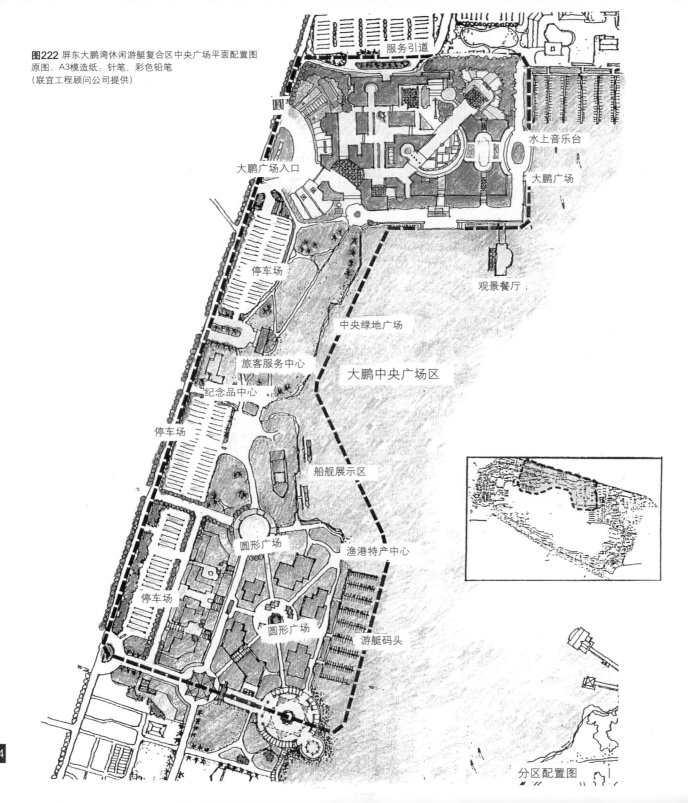

图222 屏东大鹏湾休闲游艇复合区中央广场平面配置图
原图：A3模造纸；针笔、彩色铅笔
（联宜工程顾问公司提供）

服务引道

水上音乐台

大鹏广场入口

大鹏广场

停车场

观景餐厅

中央绿地广场

旅客服务中心

大鹏中央广场区

纪念品中心

停车场

船舰展示区

圆形广场

渔港特产中心

停车场

圆形广场

游艇码头

分区配置图

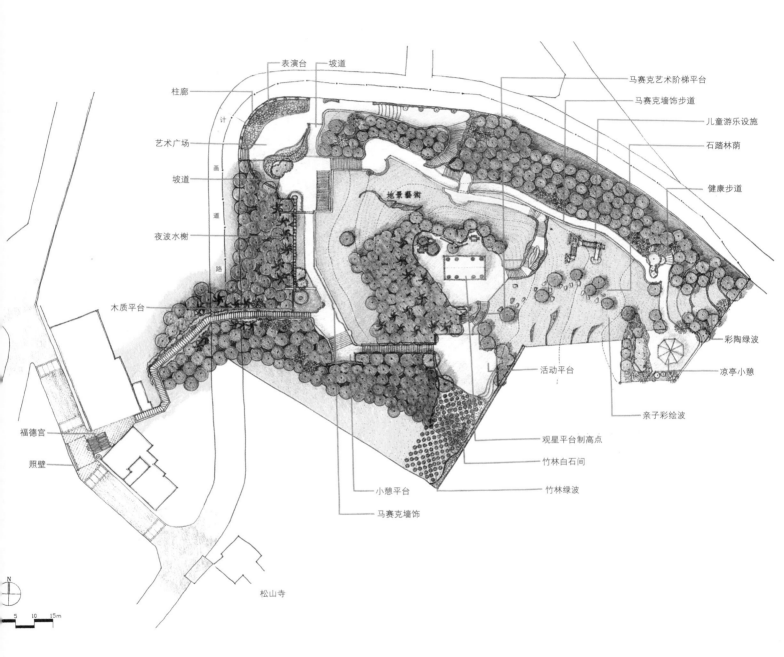

表演台　坡道　　　　　　　　　　　　　马赛克艺术阶梯平台

柱廊　　　　　　　　　　　　　　　　马赛克墙饰步道

艺术广场　　　　　　　　　　　　　儿童游乐设施

坡道　　　　　　　　　　　　　　石踏林荫

夜波水榭　　　　　　　　　　　　　健康步道

地景藝術

木质平台

彩陶绿波

活动平台　　　　凉亭小憩

福德宫

照壁　　　　　　　　　　　　　　亲子彩绘波

观星平台制高点

竹林白石间

小憩平台　　　竹林绿波

马赛克墙饰

N

5　10　15m

松山寺

图223 台北市惠安公园设计平面配置图
原图：A3模造纸；针笔、彩色铅笔
（联宜工程顾问公司提供）

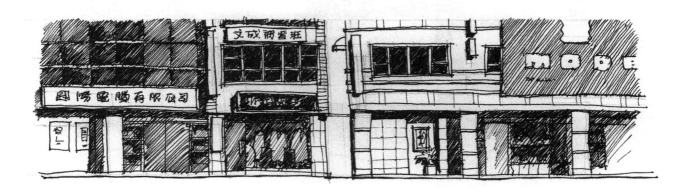

图224 街道立面速写
原图：A4模造纸；上－代针笔、中－代针笔、下－铅笔
（陈怡如绘）

图225 街景立面速写（Italy）
原图：A4模造纸；代针笔
（陈怡如绘）

图226 街景立面图(Edinburgh，U.K.)
电脑绘图，彩色铅笔
（陈怡如绘）

图227 房舍速写(Farham，U.K.)
原图：A4水彩纸；代针笔、水彩
（陈怡如绘）

图228 Hemms住宅速写（Farham，U.K.）
原图：A4水彩纸；代针笔、水彩
（陈怡如绘）

图229 Hemms住宅立面速写（Farham，U.K.）
原图：A4水彩纸；代针笔、水彩、水性彩色铅笔
（陈怡如绘）

图230 街景立面速写（Farham，U.K.）
原图：A4水彩纸；代针笔、钢笔、水彩
（陈怡如绘）

图231 街景立面速写（Farham，U.K.）
原图：A4水彩纸；代针笔、钢笔、水彩
（陈怡如绘）

图232 街景立面速写（Farham，U.K.）
原图：A4水彩纸；代针笔、钢笔、水彩
（陈怡如绘）

图233 街景立面速写（Farham，U.K.）
原图：A4水彩纸；代针笔、钢笔、水彩
（陈怡如绘）

图234 街景轴测投影图
原图：A3模造纸；代针笔、水彩、彩色铅笔
（陈怡如绘）

图235 台北市十二号公园竞图案平
面配置图
原图：A1粉彩纸；针笔、麦克笔
（解子建绘）

感谢在本书的编写过程中，吴树陆老师、陈秋伶老师、陈瑞淑老师所提供的宝贵意见，同时也向所有给予我支持与协助的家人和朋友致以最高的谢意。

参考书目

[1] The American Society of Architectural Perspectivists. Architecture in Perspective. California: Pomegranate Artbooks ,1994

[2] Chip Sullivan. Drawing the Landscape. New York: Van Nostrand Reinhold, 1995

[3] Erwin Herzberger. Freehand Drawing for Architects and Designers. New York: Whitney Library of Design, 1996

[4] Francis D.K. Ching. Design Drawing. New York: Van Nostrand Reinhold, 1998

[5] Francis D.K. Ching. Drawing a Creative Process. New York: Van Nostrand Reinhold, 1990

[6] Grant W. Reid, ASLA. Landscape Graphics. New York:Whitney Library of Design, 1987

[7] Hugh C. Browning. The Principles of Architectural Drawing. New York:Whitney Library of Design,1996

[8] Ian Bentley, Alan Alcock, Paul Murrain, Sue McGlynn, Graham Smith. Responsive Environments. Butterworth Architecture, 1992

[9] Kevin Forseth. Rendering the Visual Field. New York: Van Nostrand Reinhold, 1991

[10] Lari M. Wester. Design Communication for Landscape Architects. New York: Van Nostrand Reinhold, 1990

[11] Michael E. Doyle. Color Drawing. New York: Van Nostrand Reinhold , 1981

[12] Mike W. Lin, ASLA. Architectural Rendering Techniques. New York: Van Nostrand Reinhold, 1985

[13] Robert S, Oliver. The Complete Sketch. New York: Van Nostrand Reinhold, 1989

[14] Scott VanDyke From Line to Design. New York: Van Nostrand Reinhold, 1990

[15] Theodore D. Walker. Perspective Sketches. New York: Van Nostrand Reinhold, 1989

[16] Theodore D. Walker, David A. Davis. Plan Graphics. New York: Van Nostrand, 1990

[17] Thomas C. Wang. Pencil Sketching. New York: Van Nostrand Reinhold, 1977

[18] Thomas C. Wang. Plan and Section Drawing. New York:John Wiley & Sons, Inc., 1996

[19] Thomas C. Wang. Sketching with Markers. New York: Van Nostrand Reinhold, 1981

[20] Tom Porter, Sue Goodman. Manual of Graphic Techniques. Butterworth Architecture, 1988

[21] 山城义彦. 基本透视实务技法. 吴宗镇，译. 台北县：新形象出版事业有限公司，1993

[22] 李宽和. 制图与识图. 台北县：新形象出版事业有限公司，1992

[23] 范振湘，译. 景观设计绘图技巧. 台北市：六合出版社，1994

[24] 陈瑞淑，译. 景观平面图表现法. 台北市：地景企业股份有限公司出版部，1996

[25] 张建成，译. 速写集. 台北市：六合出版社，1993

[26] 张建成，译. 绘图与设计表现. 台北市：六合出版社，1995

[27] 颜丽容，王佩洁，译. 景观建筑设计表现法. 台北市：六合出版社，1997

[28] 颜丽蓉，王淑宜，译. 建筑绘图. 台北市：六合出版社，1999

[29] 地景企业股份有限公司，译. 从线条透视设计. 台北市：地景企业股份有限公司出版部，1994

景觀設計制圖與繪圖

本书由田园城市文化事业有限公司正式授权出版。

© 2013大连理工大学出版社

著作合同登记06-2012年第94号

图书在版编目(CIP)数据

景观设计制图与绘图/陈怡如编著. —大连：大
连理工大学出版社，2013.7
　　ISBN 978-7-5611-7785-3

　　Ⅰ.①景… Ⅱ.①陈… Ⅲ.①景观—园林设计—建筑
制图 Ⅳ. ①TU986.2

中国版本图书馆CIP数据核字(2013)第082960号

出版发行：大连理工大学出版社
　　　　　　（地址：大连市软件园路80号　　邮编：116023）
印　　刷：大连金华光彩色印刷有限公司
幅面尺寸：215mm×220mm
印　　张：9
插　　页：2
出版时间：2013 年 7 月第 1 版
印刷时间：2013 年 7 月第 1 次印刷
责任编辑：房　磊
封面设计：王志峰
责任校对：周小红

书　　号：ISBN 978-7-5611-7785-3
定　　价：68.00元

发　行：0411-84708842
传　真：0411-84701466
E-mail：12282980@qq.com
URL：http://www.dutp.cn